Comment
on produit le
Sommeil Magnétique

PAR

GEORGES SUARD

MAGNÉTISEUR PRATICIEN

———

OUVRAGE INDISPENSABLE AUX DÉBUTANTS

———

DEUXIÈME ÉDITION

PRIX $\left\{\begin{array}{l}\text{4 fr. pour la France.}\\\text{4 fr. 50 pour l'Etranger.}\end{array}\right.$

DÉPOSÉ
—
TOUS DROITS RÉSERVÉS POUR TOUS PAYS

Comment on produit
le Sommeil magnétique

Comment on produit

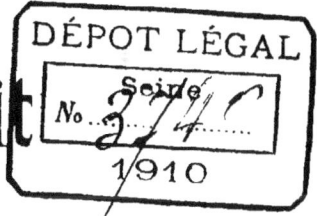

le

Sommeil magnétique

PAR

Georges SUARD

MAGNÉTISEUR PRATICIEN

~~~~~~~~

Ouvrage indispensable aux débutants

~~~~~~~~

2ᵉ ÉDITION

Prix . . . . 4 fr. pour la France
— . . . . 4 fr. 50 pour l'Etranger

DÉPOSÉ
—

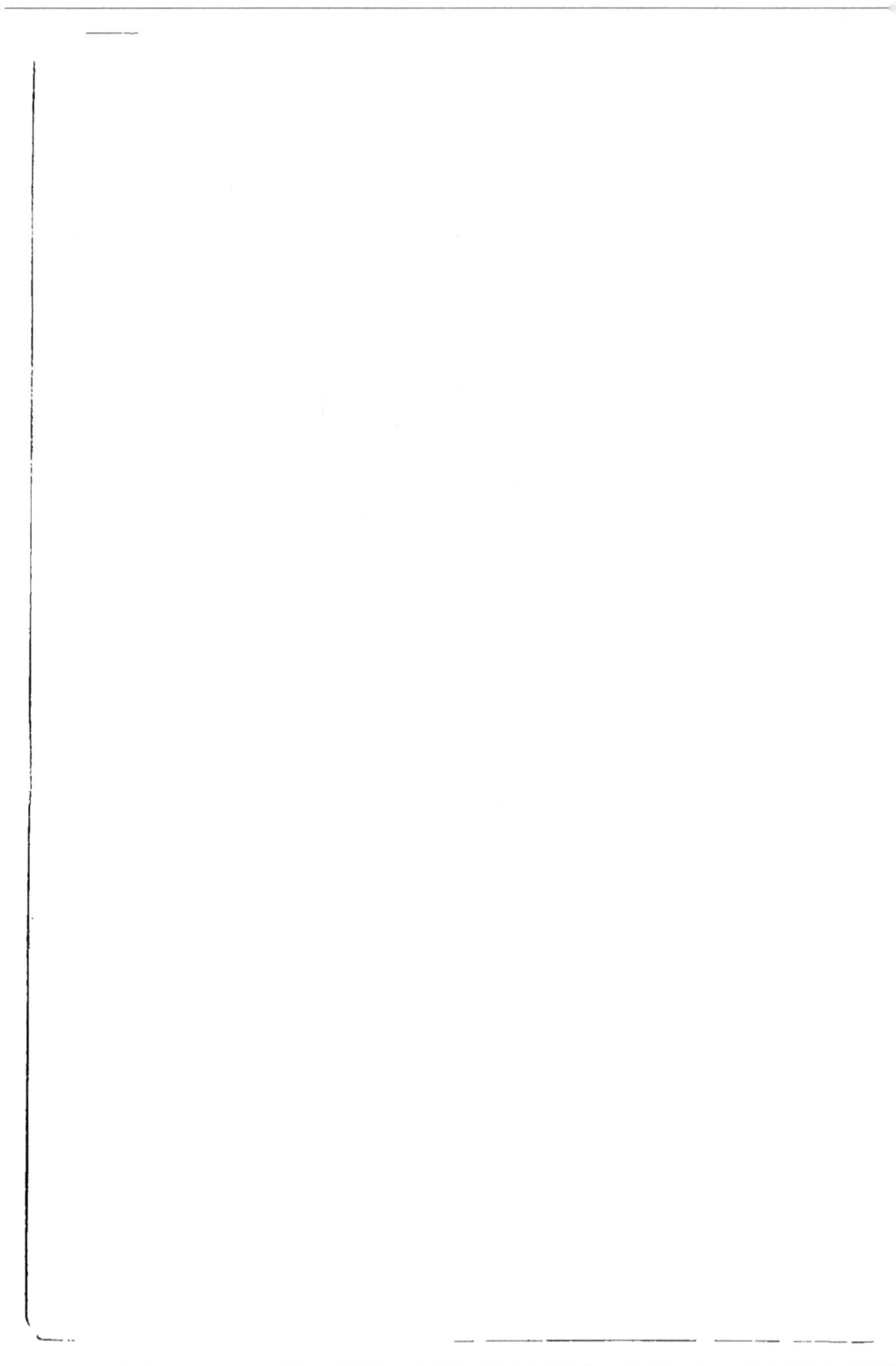

Comment on produit
le sommeil magnétique

PAR GEORGES SUARD

Magnétiseur Praticien

3o, RUE DES BOULANGERS, PARIS

Ouvrage indispensable aux Débutants

CHAPITRE PREMIER

Les sensitifs ou sujets.

Si nous interrogeons, à l'heure actuelle, toutes les personnes ayant acheté des cours de magnétisme et d'hypnotisme, nous remarquons, d'une manière générale, que le mécontentement est le sentiment qui se manifeste aussitôt notre question.

Il y a pourtant des auteurs très documentés, d'autres très expérimentés! A quoi tient donc ce manque de satisfaction?

La première faute est que celui qui écrit un livre de magnétisme ne s'étend pas suffisamment sur la manière de reconnaître les sensitifs.

Or, les sujets sont les premiers outils (excusez l'expression) indispensables à la production des phénomènes. Nous allons donc consacrer tout un chapitre indiquant le moyen de reconnaître les personnes endormables.

Les sensitifs se trouvent partout. Ceux qui sont doués d'un tempérament froid aussi bien que ceux doués d'un tempérament nerveux peuvent faire d'excellents sujets.

Voici donc plusieurs manières de reconnaître ces derniers.

Ce qui va suivre semblera quelque peu disparate au lecteur, mais peu importe, ce que nous désirons surtout, c'est d'entrer dans le vif de la question sans nous arrêter aux considérations de chaque particularité.

1° Les sensitifs aiment presque tous la couleur bleue, et par contre détestent la couleur jaune.

Cette remarque, qui paraît puérile à première vue, est d'une grande importance.

Supposons un instant que celui qui se prête aux expériences disc préférer le jaune vif ou orangé à toute autre couleur.

Eh bien! il n'y aura rien à faire.

On aura beau essayer autant de fois que l'on voudra, ce sera peine perdue.

Depuis quatorze ans que nous exerçons, nous n'avons jamais pu endormir, ni même influencer d'une façon sérieuse une personne ayant un penchant pour le jaune (1).

On comprend donc le découragement qui s'empare du débutant quand il tombe du premier coup sur une telle personne, tandis qu'il lui serait si simple de s'informer avant les essais.

. . . .

2° *Les personnes endormables restent tristes et mélancoliques au son des cloches.*

Cette particularité est tout aussi importante à connaître que celle qui précède.

Une telle tristesse ne peut s'expliquer. On la constate et voilà tout.

D'aucuns diront qu'elle est due à une diminution d'activité produite par les vibrations négatives, mais cette raison n'est pas suffisante.

(1) Une brune très coquette et endormable pourra peut-être aimer cette couleur qui s'accordera avec son teint ou sa toilette, mais cette considération fait naturellement exception à la règle, car, bien certainement, le jaune seul, par lui-même, ne plaira pas.

Les cloches semblent **évoquer un souvenir lointain.**

Elles parlent à un sujet. Elles semblent lui dire : « *Le temps passé ne revient plus.*

« *Maintenant ton heure a sonné.*

« *Tiens, écoute ces vibrations qui s'éteignent dans un cri d'agonie !*

« *Le choc qui me fait tressaillir avec violence représente notre entrée en ce monde.*

« *Vois donc comme notre passage est éphémère !* »

. . . .

En effet, rien n'est plus plaintif que ces vibrations et le sujet qui semble comprendre cette voix mystérieuse a la chair de poule pour commencer, puis, un moment après, une irrésistible envie de pleurer, et finalement une crise de larmes très violente si le carillon continue.

Il est certain qu'un glas ou le son d'un gros bourdon ne sont pas pour donner des idées folichonnes ; mais que les cloches sonnent pour un baptême ou pour un mariage, elles laissent toujours une impression de tristesse au sujet.

Nous irons même plus loin, en disant qu'il aura quelquefois des idées de suicide.

Les sensitifs sont-ils donc des êtres inférieurs?

Nous répondrons plus loin à cette question, mais nous pouvons dire dès maintenant qu'il n'y a rien d'inutile sur la terre et que les personnes impressionnables dont nous venons de parler nous seront d'un secours précieux dans bien des circonstances.

Si, grâce au Magnétiseur, le sujet peut **braver la douleur,** grâce également au sensitif, l'opérateur peut éviter bien des écueils.

Ceci dit, continuons d'énoncer les particularités des sensitifs.

3° Ces derniers se couchent presque toujours sur le côté droit.

4° Ils ne peuvent tenir en place à l'église (1).

5° La musique lente et le cor de chasse, notamment, les font pleurer (même mystère que pour les cloches).

6° Ils n'aiment pas les sociétés turbulentes, ni les foules compactes (2).

7° Ils n'aiment pas se promener au clair de lune.

---

(1) Cela tient au magnétisme terrestre, trop long à expliquer ici.

(2) Le rayonnement qui émane de chacun de nous explique ce phénomène.

8° *Le bruit d'une cascade leur donne une impression désagréable.*

9° *Ils n'aiment pas donner des poignées de main.*

Bref, ce sont des êtres qui, à première vue, semblent capricieux au suprême degré quand, en réalité, ces soi-disant caprices ne sont que le résultat de leur extrême sensitivité. (*Je dis sensitivité* et *non sensibilité.*)

Autrement dit, un sujet n'est qu'un baromètre intelligent. Et Dieu sait si c'est variable !

Il n'est pas nécessaire qu'un sensitif remplisse toutes les particularités énoncées ci-dessus. Quelques-unes seulement sont suffisantes.

Nous dirons pour finir que les personnes aimant le son des cloches et le jaune sont réfractaires dans toute l'acception du mot.

Jusqu'ici on peut donc, sans avoir un seul instant prononcé le mot magnétisme, se rendre compte si l'on a, dans sa famille ou dans son entourage, une personne facilement endormable.

Supposons que nous l'ayons trouvée.

Il faudra la faire placer debout, et lui appliquer les deux mains sur les omoplates.

Au bout de quelques instants, elle ressentira une chaleur qui pourra aller jusqu'à la suffocation, et si insensiblement nous retirons les mains, ladite personne tombera en arrière, comme attirée par un aimant.

Ce moyen est très connu, mais ce n'est pas une raison pour n'en point parler. Ce sera pour nous une nouvelle confirmation de la sensitivité du sujet.

CHAPITRE II

Comment produire le Sommeil?

Admettons, pour un instant, que nous ayons trouvé le sujet rêvé, c'est-à-dire aimant le bleu, détestant le jaune, se couchant sur le côté droit, etc... Nous commençons par prendre l'établissement du rapport.

Voici en quoi il consiste.

L'opérateur devra s'asseoir en face du sujet. Les jambes de ce dernier placées entre celles du Magnétiseur, les genoux contre les genoux, les pieds contre les pieds, les mains sur les mains, et, point capital, la face palmaire des pouces du patient contre la face palmaire des pouces de l'opérateur (1).

Pour la première fois, il faudra rester ainsi pendant un quart d'heure.

(1) Autrement dit l'intérieur des pouces du sujet contre l'intérieur des pouces du magnétiseur.

Le patient ressentira des picotements ou, plutôt, des titillations dans les pouces.

Ce fourmillement ne tardera pas à envahir le poignet et même l'avant-bras.

En continuant l'action, c'est-à-dire en restant quelques minutes de plus dans cette position, un engourdissement à peu près complet se manifestera chez le sujet (1).

A ce moment, l'opérateur se lèvera et dirigera les doigts de la main droite directement vers le front du sujet. Une bonne distance est de 3o à 5o centimètres environ.

Recommandation importante

Le Magnétiseur n'aura aucune raideur, car cette dernière est plutôt nuisible à l'émission du fluide.

Au bout de cinq minutes environ la poitrine du sujet se gonflera légèrement et, un moment après, un soupir profond sera l'indice que le sommeil magnétique est arrivé à son 1er degré.

(1) Si celui-ci est très sensible, il pourra s'endormir dans cette position. Le sommeil ainsi provoqué est le plus doux de tous.

CHAPITRE III

Premier état du Sommeil, Crédulité.

Pour un début, il ne faut jamais dire à la personne que l'on suppose endormie : « Dormez-vous ? »

Il est préférable de demander : « M'entendez-vous ? » ou encore : « Comment vous trouvez-vous ? »

Si le sujet répond : « Pas mal ! » méfiez-vous, car ce peut être un simulateur.

Dans ce cas, et afin de vous convaincre, prenez un morceau de papier, roulez-le entre vos doigts de façon que vous puissiez, avec la pointe, chatouiller légèrement les oreilles du dormeur, ainsi que les lèvres et les narines.

Si le sujet ne bronche pas, il n'y a pas d'erreur possible, c'est qu'il dort sérieusement, car aucune personne au monde n'est capable de rester immobile pendant cette simple épreuve.

Alors vous répétez : « Etes-vous bien ? »

Quelquefois la réponse est longue à venir. Cela provient de ce que la langue est comme collée au gosier.

Il s'agit dans ce cas de passer la main — n'importe laquelle — sous le menton du sujet, et cela avec une certaine rapidité. Ceci s'appelle un effleurage.

Vous pouvez dire alors au sujet :

« Pourriez-vous me dire votre âge? »

Presque invariablement le dormeur vous répondra qu'il ne s'en rappelle plus. Alors vous ajouterez : « Comment vous appelez-vous? »

— Je ne sais pas!

— Comment, vous ne savez pas votre nom?

— Non, je ne sais plus !

— Pourriez-vous me dire votre adresse?

— Je l'ai oubliée !

— Comment ferez-vous pour rentrer chez vous?

— Je ne sais pas !

Avec de telles réponses il n'y a pas d'erreur possible, le sujet est bien au 1er degré, c'est-à-dire en *Crédulité*.

Que peut-on tirer de cette phase?

Le lecteur se dira : voilà un état qui n'est pas bien intéressant puisque l'on ne peut rien tirer du dormeur !

— Grave erreur !

Si la crédulité est patente on peut créer des personnalités, car si le sujet paraît nul par lui-même, il peut entrer dans la peau du personnage suggéré.

Plusieurs exemples feront mieux comprendre que n'importe quel raisonnement.

1° Vous dites au sujet : « C'est aujourd'hui dimanche, il fait un beau soleil, voulez-vous venir pêcher à la ligne avec moi ? »

S'il accepte, prenez une canne ou un parapluie, peu importe, et ajoutez : « Regardez la belle ligne ! Eh bien, maintenant que nous sommes à la rivière, prenez du poisson, le plus possible ».

Alors, avec plus ou moins d'adresse, surtout les premières fois, le dormeur auquel vous aurez ouvert les yeux préalablement fera le simulacre de pêcher.

Cette expérience qui paraît naïve et banale par elle-même a une importance énorme, car si le sensitif accepte ce rôle, il peut accepter tous les autres, et c'est précisément en quoi réside le danger de ce premier sommeil.

Donnons des exemples.

Le sujet ayant fini de pêcher sur votre ordre, dites-lui : « Vous êtes mon secrétaire et, si vous le voulez bien, nous allons travailler ensemble. Venez à mon bureau et écrivez (1) ».

— Je reconnais avoir été endormi le 15 juin 1903, à 9 heures du soir.

Puis, de la même voix monotone, ajoutez : « Je reconnais devoir la somme de 1.000 francs à M. Julien. Je le rembourserai le 15 janvier 1910. »

Voilà donc le grand danger.

Le sujet, qui est entré dans la peau du secrétaire, écrit bêtement ce qu'on lui dicte sans se rendre nullement compte de ce qu'il met. (*Il signerait sa condamnation à mort.*)

C'est pourquoi on a vu malheureusement et on verra encore des personnes reconnaître devoir des sommes qui ne leur ont jamais été prêtées. Et c'est précisément dans cet état, le plus léger de tous, que ces phénomènes sont possibles.

Continuons les exemples.

Voilà maintenant une jeune fille honnête qui a

(1) Il est bon de répéter plusieurs fois l'ordre, surtout dans les débuts.

été endormie, si nous le voulons bien, par son fiancé.

Si celui-ci est animé de mauvaises intentions et qu'il connaisse son affaire, il aura beau jeu.

On a dit (et ce sont des maîtres qui parlent ainsi) qu'une femme vertueuse conservait, même dans le sommeil le plus profond, un sentiment de pudeur indéracinable. Oui, certes, mais le danger n'en existe pas moins pour plusieurs raisons.

La première de toutes, c'est l'insensibilité dans laquelle est plongée la dormeuse.

La deuxième tient de la suggestion proprement dite.

Dans une expérience classique, par exemple, on dira à une dame : « Ne trouvez-vous pas qu'il fait chaud? Dieu qu'il fait chaud! »

Ici la personne se découvrira comme pour mieux respirer, mais ne se déshabillera pas complètement, même si on lui donne un ordre énergique. C'est cette résistance que l'on appelle la subconscience (1).

Mais si l'opérateur change la personnalité du sujet en lui disant :

« *Vous êtes B...*, *le premier nageur du monde, dans quelques instants vous allez traverser Paris*

(1) Lire *les Débuts d'un Magnétiseur*, l'œuvre magistrale d'André Neff (volume 3 francs franco).

à la nage... etc..., l'heure est venue, déshabillez-
vous vivement pour ne pas manquer le départ. »

Dans ce cas le sensitif, acceptant son rôle, perd toute notion de pudeur par le fait même de l'ordre donné en conséquence.

Mais si cette puissance magnétique peut faire le mal, elle peut, en revanche, procurer d'immenses avantages au sujet comme à l'opérateur.

Voyons donc maintenant quels sont les bénéfices que l'on peut tirer de cet état.

Ici encore, les exemples feront mieux comprendre que la théorie.

Prenons un garçon de douze ans, instruit normalement et doué de qualités ordinaires. Eh bien ! avec un sage entraînement, on arrivera à faire un prodige de cet enfant dans la partie que l'on choisira.

Suggestion. — *Vous avez vingt-cinq ans, vous êtes professeur d'écriture, votre main est souple et légère, écrivez : L'Écriture est un geste fixé.*

Ce garçon qui, d'habitude, aura une écriture enfantine, changera totalement son graphisme. Nous ne dirons pas qu'il écrira comme un professeur, mais il aura certainement un coup de plume supérieur à celui qu'il a habituellement.

Et autant de personnalités différentes, autant d'écritures diverses.

Voici, du reste, quelques épreuves d'un de mes sujets nommé Lucie.

Nous sommes toujours en *crédulité*, ne l'oublions pas.

1ʳᵉ Suggestion. — *Vous êtes laboureur, écrivez au charron de venir réparer votre charrue qui est cassée.*

.   .   .   .

Aussitôt Lucie prend la pose d'une personne qui n'a pas l'habitude de manier la plume, et s'avachissant sur le papier, elle écrit :

> Monsieur Piédalu
> Pourriez-vous venir lundi
> dans l'après midi ver 2 heures
> pour ma charrue qui cassée
> Goudeau

Non seulement l'écriture est vilaine, mais le style et l'orthographe sont déplorables.

2ᵉ Suggestion. — *Vous avez dix-huit ans, écri-*

vez à Marthe, votre amie, de venir dîner ce soir
avec vous...

Ma chère Marthe

Tu me ferais un grand
plaisir en venant dîner
ce soir avec moi.
Jeanne

Ici l'écriture est tout autre.

AUTRE EXEMPLE. — *Vous êtes docteur. Rédigez
une ordonnance pour cette personne qui a mal à
la gorge (je désigne un élève).*

Gargarisme 3 fois par jour
avec une cuillerée à soupe de la
solution suivante.

Chlorate de Potasse 8 gr
Teinture de Cola 20 —
Miel Rosat 40
Eau 260

4ᵉ Suggestion. — *Vous êtes capitaine. Le soldat Julien a sauté le mur pour la deuxième fois, punissez-le comme il le mérite.*

Aussitôt Lucie prend un aspect rébarbatif et écrit, les sourcils froncés, ce qui suit...

Le Soldat Julien aura 4 jours de prison

Le Capitaine Péronne

Comme on le voit, le graphologue le plus habile pourrait se trouver dérouté dans une expertise.

Donc, si l'on a dans sa famille un enfant écrivant mal, il n'y a qu'à l'endormir et lui suggérer qu'il est professeur d'écriture et après une vingtaine d'épreuves, non seulement l'enfant aura fait des progrès énormes dans le sommeil, **mais au ré-**

veil il restera quelque chose, surtout si on a donné un ordre en conséquence.

Il en sera de même pour tout.

Une jeune fille jouant passablement du piano deviendra une vraie virtuose dans le sommeil, et même dans le réveil si des suggestions habiles ont été données.

J'ai vu un homme de trente-cinq ans qui n'avait aucune notion de la musique, et qui, endormi, se mit à jouer du piston avec un tel entrain qu'on ne pouvait plus l'arrêter.

Le fait est plutôt rare, mais n'est-ce pas merveilleux ? (1).

Eh bien ! tout cela n'est rien auprès de ce que nous allons voir quand nous serons arrivés au somnambulisme, mais il y a encore du chemin d'ici-là.

Avant d'aller plus loin et de changer d'état, voyons quelles sont les impressions du sujet endormi pour la première fois.

(1) Il s'est passé, en Touraine, un fait extraordinaire. Un sujet endormi dans une séance publique reçut la suggestion qu'il était professeur de billard et il gagna ce soir-là un des meilleurs joueurs de la ville.

Cette partie sensationnelle est relatée dans *les Débuts d'un Magnétiseur*, le joli récit d'André Neff.

En cette occurrence je ne puis mieux faire que de relater les sensations d'une jeune fille de dix-neuf ans à laquelle j'avais donné l'ordre de m'écrire, une fois réveillée, pour me raconter tout ce qu'elle éprouvait dans les premières séances.

Et j'avais ajouté : « *Votre mémoire vous sera fidèle* (1) *et vous n'oublierez aucun détail* ».

Donc, le surlendemain de cette suggestion, je reçus la lettre suivante :

« Cher Monsieur Suard,

« Je ne sais pourquoi, au milieu de mon travail,
« votre souvenir ne me quitte jamais. Il me semble
« que de votre esprit au mien existe un lien invi-
« sible, qui, de loin comme de près, établit entre
« eux une sympathie de rapport et fait dépendre en
« quelque sorte ma volonté de la vôtre.

« Ce sentiment n'est nullement humain. Il ne res-
« semble en rien au sentiment *qu'ont un père ou une*

(1) Un sujet endormi ne se rappelle jamais à son réveil ce qui s'est passé dans le sommeil, sauf de très **rares excep-tions**, c'est pourquoi les hypnotiseurs, par mesure de pré-caution, disent toujours : *Oubliez ce qui s'est passé.* Pour le cas qui nous concerne, je devais dire le contraire, c'est-à-dire : *Rappelez-vous tout.*

« *mère pour leur enfant, ou un frère pour sa sœur,*

« *un fiancé pour sa fiancée, un amant pour sa maî-*

« *tresse,* c'est un sentiment tout spirituel, d'âme à

« âme, d'esprit à esprit, bien plus suave que tout

« ce que l'on peut imaginer.

« Oh ! ce premier sommeil, où il semble que l'on

« quitte la terre pour s'élever dans une autre vie, une

« vie céleste, bien plus douce que la vie terrestre !

« Qui peut dire les sensations que l'on éprouve en

« sentant son corps s'élever puis rester suspendu

« comme se reposant sur un nuage pendant que

« l'âme s'extériorise et plane au-dessus du corps?

« Et plus l'âme s'élève, plus on éprouve cette sen-

« sation que l'on est bien isolé du monde, à entendre

« la voix seule du magnétiseur, cette voix lointaine

« qui endort (1) toujours, et toujours plus douce-

« ment. Dans ces quelques moments de sommeil,

« comme le monde est loin !

« Les soucis, les ennuis, tout a disparu, quelle

« douce vie l'on respire !

_____

(1) Cette jeune fille étant très dure à endormir, j'avais été obligé de donner quelques suggestions, chose que je ne fais jamais habituellement pour produire le sommeil, à moins d'avoir des réfractaires amenés par des clients.

« Quel calme et quelle pureté pénètrent dans
« l'âme et dans l'esprit !

« J'espère, Monsieur Suard, que chaque fois que
« j'irai vous voir vous me perfectionnerez davan-
« tage.

« En attendant le plaisir de vous voir, agréez, etc...

« GEORGETTE. »

Comme on le voit, il n'est pas trop désagréable
de se faire endormir.

Quelle différence avec le sommeil hypnotique
dur et brutal, qui laisse toujours les sensitifs dans
un malaise indéfinissable même longtemps après le
réveil !

Ces sensations exquises éprouvées par Georgette
ne sont pas un fait isolé. Un autre sujet, Myriam.
auquel j'avais donné le même ordre de m'écrire,
s'exprime ainsi :

« Cher Monsieur,

« Tout d'abord laissez-moi vous remercier des
« nuits tranquilles et reposées que je passe depuis
« que je suis sous votre douce influence.

« Jamais je n'ai été si gaie et jamais je n'ai eu
« l'esprit si dispos.

« C'est avec impatience que j'attends vos séances
« pour me replonger dans l'hypnose.

« En effet, quel moment peut être plus agréable
« que celui où, le fluide passant de vous à moi, je
« me sens envahir par une délicieuse torpeur, où
« malgré ma volonté je sens mes idées sombrer et
« où je ne puis plus penser.

« Alors un immense bien-être s'empare de moi,
« et il me semble que je suis transportée dans un
« monde nouveau et meilleur où l'on ignore soucis
« et chagrins.

« Puis, plus rien…, c'est la nuit complète de mon
« cerveau, la négation du moi personnel jusqu'au
« réveil.

« Et puis c'est si drôle de ne plus se rappeler ce
« que pendant un long moment on a fait, ou dit,
« ou pensé.

« Vous allez me trouver bizarre, sinon inconve-
« nante en recevant cette lettre.

« Mais vous ne serez certainement pas plus sur-
« pris que je ne le suis moi-même.

« Figurez-vous que depuis mon réveil cette pen-
« sée de vous écrire m'obsède.

« J'ai cherché à résister. Ce fut en vain, puisque

« me voici en train d'obéir malgré moi. Vous croyez
« peut-être que j'ai cherché ce que j'allais vous dire.

« Il n'en est rien. Ma plume s'est mise à raconter,
« raconter sans qu'il me fût possible de l'arrêter.
« Je l'ai donc laissé faire et puis lorsqu'elle a eu
« fini, j'ai songé à m'excuser de l'inconvenance de
« vous écrire.

« Je crois que vous saurez mieux que moi ana-
« lyser la pensée à laquelle j'ai obéi et que vous
« voudrez bien m'en faire part.

« Recevez, Monsieur, l'expression de mes senti-
« ments sincères et reconnaissants.

« MYRIAM. »

A peu de chose près, les sensations sont les
mêmes pour ces deux jeunes filles.

Bien entendu dès que la lettre est jetée à la boîte
tout souvenir a disparu chez le sujet.

Il est impossible à ce dernier de se rappeler quoi
que ce soit, à moins d'être plongé à nouveau au
même degré du sommeil dans lequel la suggestion
a été donnée. Autrement dit, le sujet se rappelle
d'un sommeil dans un autre sommeil.

Quelles sont maintenant les impressions du
Magnétiseur qui endort les premières fois ?

Dès que celui-ci a dirigé les doigts de la main droite vers le front du sujet, il éprouve un picotement presque continu ; quelquefois, il lui semble ressentir comme un courant d'eau chaude passer sous les ongles.

Cette sensation est produite par l'émission du fluide.

Quand le sujet succombe au sommeil par cette saturation, une joie immense mêlée d'orgueil envahit l'âme du débutant.

Cette force latente qu'il a en lui, cette action puissante dont il est doué sans s'en douter sont pour lui un bonheur inappréciable.

Si l'âme de l'opérateur est noble, celui-ci comprendra de suite qu'il y a dans l'homme quelque chose de supérieur, presque de divin.

Si, au contraire, le jeune magnétiseur a des sentiments peu élevés, il cherchera aussitôt à profiter de cette force pour obtenir dans le sommeil ce qu'il ne pourrait avoir autrement.

Heureusement pour l'humanité que les Grands Magnétiseurs connus jusqu'à présent étaient tous doués d'une nature d'élite, comme si cette force nerveuse était un privilège qui leur était accordé.

CHAPITRE IV

Deuxième Phase, Catalepsie.

Continuons d'imposer la main droite au front du sujet. Après quelques minutes, ce dernier poussera un soupir plus profond, qui sera pour nous l'indice que nous sommes arrivés à la deuxième étape, autrement dit au 2e degré du sommeil magnétique.

Les phénomènes que nous allons observer sont stupéfiants, autant par leur beauté que par leur bizarrerie :

1º Nous constaterons d'abord chez le sujet une immobilité complète.

Si nous soulevons un bras, celui-ci restera dans la position que nous lui aurons imposée.

Les yeux restent fixes et grand ouverts, en un mot le sujet semble de cire.

Rien n'est plus impressionnant pour une personne non prévenue et même pour un débutant que de voir ces phénomènes.

Tous les membres sont d'une légèreté dont rien ne saurait donner l'idée. On croirait manier du caoutchouc, tant la souplesse est grande.

Les positions les plus fatigantes, les plus grotesques, les plus invraisemblables, peuvent être gardées pendant très longtemps sans que le moindre tremblement dénote une fatigue chez le sujet.

Ici, il est impossible de simuler.

Le meilleur comédien ne pourrait remplir son rôle. S'il y a une chose que l'on n'imite pas dans le sommeil, c'est bien l'état cataleptique.

Si nous le voulons, la statue va s'animer. Portons la main droite du sujet à sa bouche ; aussitôt, si c'est une femme, elle sourira avec une expression divine en envoyant des baisers.

Le fait d'envoyer des baisers est dû à l'automatisme de la mémoire, car il faut dire qu'à ce 2e degré du sommeil l'esprit du sujet est très obtus.

Un souvenir lointain semble dire au sujet : « Si tu as la main sur la bouche, ce ne peut être que dans ce but. »

Et c'est alors que l'on voit ce geste gracieux et automatique (ce qui paraît un non-sens, tant ces deux expressions semblent peu s'accorder).

Arrêtons le bras, et aussitôt le visage cesse de sourire instantanément.

L'être redevient de cire.

Les peintres et sculpteurs feraient bien d'étudier cet état, ce qui leur serait d'autant plus facile, que l'immobilité, qui est la caractéristique de la cata-lepsie, leur permettrait de travailler sans trop se hâter.

Dans cette phase merveilleuse, le sujet peut se lever et marcher, mais gare la chute, car il arrive parfois que les jambes deviennent raides tout d'un coup et sans cause apparente.

Il est donc prudent, avant de faire marcher le sujet, de faire un effleurage (1) rapide en partant des hanches pour aller au bout des pieds.

Maintenant, si le lecteur veut l'illusion d'un conte des mille et une nuits, voilà ce que je lui conseille :

1° Qu'il fasse son possible pour avoir dans une

(1) L'effleurage se fait comme une passe rapide avec un léger contact.

même soirée trois ou quatre sensitifs hommes ou femmes, peu importe.

2° Qu'il se procure quelques musiciens, ou, ce qui serait beaucoup mieux pour l'expérience, et moins coûteux, un bon phonographe à disques.

3° Qu'il plonge les trois ou quatre sujets en catalepsie.

4° Et enfin qu'il mette sur l'appareil une polka des plus relevées.

Aussitôt les statues s'animent et se mettent à danser avec une souplesse et une légèreté extraordinaires.

Les visages expriment une joie qui fait plaisir à voir, car dans cette deuxième vie l'hypocrisie est entièrement bannie.

Si **soudain** la musique s'arrête, l'effet est foudroyant.

Tous les sujets restent **figés, pétrifiés**, dans l'attitude qu'ils avaient au moment de la note finale.

Là, le visiteur non prévenu croirait entrer dans un musée de cire (*le Musée Grévin en petit*).

L'effet est si saisissant, si impressionnant, que plusieurs fois nous avons fait entrer, pendant une séance, dans une pièce ainsi préparée, des chiens et des chats dont le poil se hérissait aussitôt.

Ces troublantes expériences rappellent de loin le joli conte de Perrault dans sa *Belle au Bois dormant*.

Jamais un directeur de théâtre ne pourra donner (même avec les premiers artistes du monde) une illusion aussi complète aux spectateurs.

Ici, le Magnétisme triomphe dans toute l'acception du mot.

Les personnages, autrement dit les sujets remplissent admirablement le rôle de gens pétrifiés dans leur dernier geste, comme l'explique l'immortel Perrault dans son histoire.

La vie paraît s'être, en effet, retirée d'une façon complète.

La respiration est imperceptible, l'insensibilité totale.

On pourrait couper, hacher menu comme chair à pâté (1), que les sujets conserveraient la même impassibilité.

On pourrait tirer le canon que pas un muscle du dormeur ne tressaillerait, mais qu'une simple note de musique résonne, si douce, si lointaine soit-

(1) A toi, Perrault !

elle, aussitôt tous ces visages de cire s'animent de nouveau.

C'est une résurrection spontanée, troublant l'âme des plus indifférents.

Les Hypnotiseurs donnant des séances publiques seraient beaucoup plus applaudis en faisant des expériences comme celles ci-dessus, au lieu de faire tenir à leur patient des rôles ridicules.

C'est également dans la catalepsie que l'on obtient cette rigidité cadavérique permettant d'étendre un sujet sur deux chaises, les pieds sur l'une, la tête sur l'autre.

Pour obtenir cette raideur, il suffit de faire un effleurage lent et pesant depuis le haut de l'épaule — le sujet étant debout — jusqu'aux pieds.

Pour dégager, autrement dit, pour rendre l'élasticité première, il suffit de faire un autre effleurage rapide, mais de bas en haut.

Nous ne conseillons pas ces expériences de rigidité qui ne servent à rien, sauf à démontrer d'une façon irréfutable la preuve du sommeil. Il est vrai que, s'il fallait chercher à convaincre tous les sceptiques, la vie d'un homme n'y suffirait pas.

Avant de terminer ce chapitre, nous croyons

utile de relater quelques particularités aussi étranges que celles décrites ci-dessous.

. . . .

Le sujet étant debout, mettons-lui en main un parapluie. Que va-t-il se passer?

Le dormeur commence par regarder curieusement l'objet en question avec une attention des plus comiques.

Puis, gravement, il passera un examen scrupuleux de cette chose qui lui semble étrange. Finalement, après un temps souvent fort long, il ouvre le parapluie, le tâte encore une fois, et se décide à le mettre au-dessus de sa tête. Ensuite, d'un mouvement automatique, le sujet — si c'est une femme — retrousse sa robe et se met à marcher comme une personne ayant hâte de rentrer chez elle par un temps de pluie.

Cette expérience classique s'explique par l'automatisme de la mémoire.

Un autre phénomène, tout aussi étrange, est celui où le sujet exécute les mêmes mouvements de l'opérateur et répète mot pour mot ce que dit ce dernier.

Un débutant croirait avoir affaire à une personne se moquant de lui.

N'oublions pas que nous sommes dans le 2ᵉ degré, où le sujet n'entend absolument rien, sauf la musique.

Comment donc peut-il répéter les paroles de son magnétiseur?

Cela tient à l'automatisme, non plus de la mémoire cette fois, mais du mouvement.

En société cette expérience a toujours son petit succès. Comme elle est très amusante et qu'elle n'entraîne aucun danger, nous la recommandons.

Manière d'opérer :

Faire lever le dormeur, toujours avec précaution (1).

Le sensitif ayant les yeux tournés dans une direction quelconque, l'opérateur devra mettre un doigt de sa main droite dans cette même direction (20 centimètres environ).

Le magnétiseur ayant **pris le regard** de son sujet commence par se frotter les mains. Aussitôt — si la prise du regard a été bien faite — le dormeur fera la même chose; il n'y aura plus alors qu'à faire n'importe quel geste, pour que ce geste

(1) Nous avons déjà fait remarquer que les jambes peuvent se raidir subitement.

soit fait instantanément par le sujet avec une précision et un ensemble étonnants.

Si l'opérateur prononce quelques mots, aussitôt, comme un écho fidèle, le sujet les répétera avec la même intonation.

Que l'opérateur parle russe, espagnol, anglais ou allemand, le dormeur aura le même accent que celui qui dirige.

Il faut vraiment que l'automatisme des mouvements se fasse d'une façon merveilleuse, et que la langue du sensitif suive mathématiquement celle de l'opérateur !

Maintenant, pour **se débarrasser** du dormeur qui ne veut plus vous lâcher, il s'agit, de nouveau, de prendre son regard, et d'un mouvement brusque faire disparaître la main droite, de façon que les yeux du sujet n'aient pas le temps voulu pour suivre une direction quelconque (1).

(1) Ceci est très difficile à expliquer et très simple à faire. Le mouvement brusque dont nous voulons parler a pour but de **couper le fil** de la communication.

Impressions au réveil *après l'état catalep-*
tique.

Quelques exemples :

Réveillé après une musique guerrière, le sujet a
des idées batailleuses.

Réveillé après un air de cloches, il aura des idées
noires, tristes jusqu'au suicide.

Réveillé après une musique religieuse, le sensitif
éprouvera le besoin de faire une prière.

Et enfin, après un air connu comme : *J'avais mon*
pompon en revenant de Suresnes, le sujet aura la
tête lourde et un réel **mal aux cheveux** que rien
ne pourra faire passer ; même les suggestions les
plus énergiques données dans un nouveau sommeil
resteront sans effet.

Il faut donc agir avec la plus grande prudence (1).

_____

(1) Nous avons vu un jeune homme endormi (à ce 2e degré
de catalepsie) auquel on avait joué tous les airs les plus
égrillards, être pendant deux jours ivre-mort, et cela dès son
réveil.

CHAPITRE V

Troisième état ou troisième phase du sommeil magnétique.

Somnambulisme.

En continuant d'imposer la main droite au front du sujet, nous arrivons après quelques minutes, parfois quelques secondes, suivant la sensitivité du dormeur, à obtenir le somnambulisme.

Cette phase, si belle, si noble et si utile, est peut-être celle qui a le plus nui au Magnétisme.

C'est, en effet, à cette 3e phase, que certains sensitifs ont la faculté de pouvoir lire aussi aisément les yeux fermés (1) que les yeux ouverts.

(1) **Les forbans** du Magnétisme n'ont pas manqué de mettre à profit cette particularité. Quand ils veulent donner des consultations, ils bandent fortement les yeux de leur somnambule, disant que l'obscurité est favorable à la clairvoyance, — ce qui est vrai — mais ce qu'ils ne disent pas, c'est que la

Mais procédons par ordre et allons prudemment, car nous sommes, dès maintenant, dans un sable mouvant.

Nous dirons d'abord que c'est à partir de ce moment seulement que le sujet s'aperçoit qu'il dort. Aussitôt dans cet état, il remue absolument comme s'il était éveillé.

Cette phase comprenant 7 degrés, nous allons les énumérer brièvement :

Ier DEGRÉ. — Le sujet a *les yeux fermés* (1), et n'est en rapport qu'avec son Magnétiseur.

Autrement dit, il n'entend que lui.

Si, cependant, on voulait que le dormeur entende d'autres personnes, il suffirait à celles-ci de toucher le sujet pour établir immédiatement une communication.

2e DEGRÉ. — Si on continue d'imposer la main droite au front, pendant quelques secondes, nous remarquons un petit tressaillement se manifester dans tout le corps du sujet. Quelquefois c'est un

somnambule est parfaitement éveillée et que le bandeau ne sert qu'à masquer la supercherie.

Remarquons qu'il s'agit des forbans.

(1) N'oublions pas que jusqu'alors, c'est-à-dire en crédulité et en catalepsie, les yeux ont été constamment ouverts.

soupir léger qui indique le 2ᵉ degré du somnambulisme. Mais il ne faut pas confondre ce léger soupir, presque imperceptible, avec celui qui divise chaque phase d'une façon bien tranchée.

Je l'ai dit, nous sommes sur un terrain mouvant, et il faut pour remarquer tous ces phénomènes une attention et une patience de vieux savant.

Donc, filons vivement sans trop nous arrêter à ces petits détails qui sont le propre des expériences de laboratoire.

Nous avons beaucoup mieux à faire pour arriver au côté pratique qui nous intéresse avant tout.

C'est par acquit de conscience que nous nommons ces 7 degrés de la troisième phase, car il n'y aura vraisemblablement que le 4ᵉ degré qui sera utile pour le lecteur (1).

Revenons à ce 2ᵉ degré du somnambulisme.

Là, le rapport continue toujours, il continue même tellement que si le Magnétiseur se pique, le

(1) Certains auteurs disent que le somnambulisme est le 3ᵉ degré qui se divise en 7 phases. D'autres que c'est la 3ᵉ phase qui se divise en 7 degrés. C'est toujours la même chose. Que le lecteur s'imagine le somnambulisme comme un appartement ayant 7 pièces et qu'il choisisse celle qui lui convient le mieux pour ses études ou expériences.

sujet ressent instantanément la piqûre au point correspondant.

C'est un phénomène extraordinaire.

L'opérateur ayant soif, le patient a la gorge sèche. Si le premier se désaltère, le second sent la fraîcheur du liquide tout comme s'il buvait lui-même. *Ce 2ᵉ degré s'appelle : sympathie au contact.*

. . . .

3ᵉ DEGRÉ. -- En continuant d'imposer la main droite au front pendant quelques secondes, un nouveau tressaillement, quelquefois imperceptible, est l'indice que nous sommes arrivés au 3ᵉ degré.

C'est encore plus extraordinaire que tout à l'heure. Nous obtenons maintenant la sympathie à distance.

C'est, en effet, dans cet état que certaines somnambules ressentent le mal des malades venant consulter. On comprend la surprise de ces derniers quand, à peine entrés, ils entendent la dormeuse s'écrier par exemple : « Que ce pauvre Monsieur souffre de l'estomac ! » Le pauvre Monsieur reste complètement ahuri, car n'ayant encore rien demandé, on lui dit déjà ce dont il est affecté. Point n'est besoin de dire la confiance illimitée et spontanée du visiteur.

Maintenant, supposons qu'un opérateur abandonne son sujet dans ce 3ᵉ degré du somnambulisme et que le dit opérateur aille faire une course
quelconque, supposons encore qu'il se fasse écraser
par un tramway.

Eh bien ! nous ne savons pas trop si le sujet avec
lequel il est en rapport ne mourrait pas juste au
même moment.

C'est une expérience qui demande vraiment trop
de dévouement.

. . . .

4ᵉ DEGRÉ. — *Lucidité les yeux fermés*.

Nous voilà arrivés au phénomène le plus merveilleux et le plus troublant de tout ce que nous
pourrons voir.

C'est ce 4ᵉ degré qui intéressera surtout nos lecteurs, et c'est précisément, comme nous l'avons dit
plus haut, **l'état qui a fait le plus de mal au
Magnétisme**.

PARTICULARITÉS.

Les paupières sont abaissées sur les globes oculaires qui sont presque toujours révulsés vers le
haut, c'est-à-dire que, si l'on cherche à soulever la
paupière on n'entrevoit que le blanc de l'œil. C'est

là le propre *des somnambules qui consultent.*

Les facultés de certains sujets sont extraordinaires. Les uns peuvent lire sans le secours des yeux, d'autres peuvent se transporter à des distances considérables et décrire des scènes qui se déroulent sous leurs yeux comme dans un cinématographe.

D'autres, enfin, peuvent prédire l'avenir.

Voilà le fameux état exploité par les charlatans. D'aucuns mélangent à dessein le Magnétisme, cette science si noble et si pure, avec celle du marc de café et du blanc d'œuf. Ils ajoutent à cela les cartes, tarots, etc..., comme s'il pouvait y avoir une analogie avec l'état qui nous intéresse, et alors les crédules (et Dieu sait s'ils sont légion) ayant été dupés, trompés sous toutes les formes, ne savent plus au juste si la cartomancie fait partie du Magnétisme ou le Magnétisme de la cartomancie.

Bref, ces gens s'amènent chez le Magnétiseur consciencieux avec une crainte qui serait plaisante, si elle n'était le résultat des turpitudes dont ils ont été l'objet.

Que de fois nous avons vu, même des Parisiens (ayant lu les annonces de **Nos leçons de magné**-

tisme) *venir nous trouver en disant carrément :*
« J'ai vu votre réclame sur le journal, et je viens
pour que vous me tiriez les cartes ». Ce qui fait
bien voir que la confusion a été créée à plaisir
pour les gens naïfs.

Disons donc tout haut et à tue-tête que : Le Ma-
gnétisme, c'est la science noble dans toute l'accep-
tion du mot. C'est le **Lion***, derrière lequel s'abri-*
tent les hyènes et les chacals. Et si nous ne garan-
tissons pas les consultations, c'est que nous, pro-
fessionnels, savons mieux que quiconque que la
lucidité n'est pas régulière.

Cette faculté s'appelle lucidité ou clairvoyance.
Elle est plutôt rare, et bien des sujets endormis
très souvent ne seront jamais lucides.

A l'heure actuelle, le meilleur moyen pour rendre
un dormeur clairvoyant, c'est d'exciter le plexus
cardiaque.

Ceci se fait en dirigeant les doigts de la main
droite vers la poitrine (peu importe la distance).

Continuons maintenant d'énumérer les phases
du somnambulisme, et nous reviendrons tout à
l'heure à ce 4e degré qui a été, et sera encore,
l'objet de nombreuses discussions.

5e Degré. — *Lucidité les yeux ouverts.*

En continuant d'imposer la main droite au front du sujet, nous remarquerons un nouveau tressaillement chez ce dernier. Et aussitôt les yeux s'ouvrent spontanément, ce qui, à première vue, ferait croire au réveil.

Puis le rapport cesse et dès ce moment le sensitif est capable de voir les effluves qui se dégagent du corps humain.

Personnellement, nous n'avons eu que fort peu de sujets ayant la lucidité les yeux ouverts.

Dans cet état ils remuaient continuellement, sans pouvoir rester en place.

6e Degré. — *Extase.*

Etat encore plus rare que le précédent.

Le sujet semble naviguer de conserve avec les anges, tant il a l'air heureux.

On fait cesser cette phase en abaissant les paupières.

7e Degré. — *Contracture.*

Rien d'intéressant pour nous (1).

(1) Ces degrés sont ceux trouvés par M. Durville, le sympathique directeur de la Société magnétique de France. D'autres chercheurs pourront peut-être en découvrir de nou-

Revenons maintenant au fameux état de clairvoyance proprement dit, et voyons un peu cette
lucidité stupéfiante. Deux exemples un peu longs
mais indispensables vont nous fixer définitivement.

veaux, mais quant à nous ce sont les seuls que nous ayons
constatés et même chez très peu de sujets. Comme côté pratique il n'y a guère que les quatrième et cinquième degrés.
Et quand bien même on trouverait dix degrés dans cette
phase nous ne voyons pas trop comment ils pourraient être
utilisés.

CHAPITRE VI

14000... à l'heure.

Un vendredi, le 12 juin 1908, je reçus la visite d'une dame anglaise, nommée mistress Harrisson, qui me tint le langage suivant :

« Je viens vous demander, Monsieur, si vous croyez à la lucidité, et si un sujet endormi peut quelquefois prédire l'avenir dans les grandes lignes ?

— Oui, Madame, répondis-je, mais je ne peux rien garantir.

— Je ne vous cacherai pas, Monsieur, reprit-elle, que je suis déjà allée chez plusieurs voyantes, faire une proposition, très honnête cependant, qui m'a toujours été refusée avec acharnement. J'espère que vous voudrez bien m'accorder d'autorité ce que j'ai à vous demander. Je paie largement.

7

— De quoi s'agit-il, Madame?

— Voilà! J'ai lu beaucoup de livres de Magnétisme. Presque tous sont d'accord pour dire qu'un
sujet en somnambulisme peut annoncer des évé-
nements longtemps à l'avance, et cela avec une
précision souvent stupéfiante!

— Oui, Madame, il y a en effet dans les annales
du Magnétisme des centaines de preuves de lucidité. Et, comme vous le disiez tout à l'heure, à de
très longues échéances..., quelquefois même plusieurs années.

— Je ne serai pas si difficile, je veux tout simplement vous demander, **dimanche 14 juin, à
2 heures, ce qui aura lieu ce même dimanche à 2 h. 1/2.**

Vous voyez que je ne suis pas exigeante puisque
je ne vous demande *qu'une demi-heure d'avenir.*

— Expliquez-vous, Madame?

— Voilà, c'est dimanche le Grand-Prix de Paris.
J'ai l'intention de vous emmener en voiture sur le
champ de courses avec un de vos meilleurs sujets.
Une fois sur les lieux, vous l'endormirez quelques
minutes avant la première course, et, comme la
lucidité existe, nous verrons bien si, à 2 heures,

votre voyante pourra voir le numéro qui sera affiché à 2 h. 20 ou 2 h. 1/2.

Ce doit être l'enfance de l'art. Acceptez-vous?

— Madame, repris-je, je ne veux point aller me risquer avec un sujet dans une cohue hurlante, telle qu'on en voit un jour de Grand-Prix.

— Alors, vous refusez? « Vous êtes comme les extra-lucides que j'ai vues, vous n'avez pas le courage de votre opinion? »

Habitué aux excentricités de divers clients, je répondis aimablement à mon interlocutrice que j'étais tout disposé à tenter l'expérience qu'elle me proposait, mais un tout autre jour que celui du Grand-Prix de Paris.

A ces paroles, elle sortit de son vaste water-proof le journal *L'Echo des Courses* et après un rapide examen elle me dit : « Demain samedi 13 juin, à midi, je viendrai vous chercher et nous partirons pour Longchamp. »

Puis elle ajouta : « Vous avez raison, Monsieur, le 14 est un mauvais jour. » Et là-dessus elle partit en laissant sur le bureau de quoi pourvoir aux premiers frais.

. . . .

Aussitôt son départ, j'envoyai un pneumatique à Lucie, mon meilleur sujet du moment, et dans la soirée celle-ci était à ma disposition.

Lui ayant expliqué brièvement ce dont il s'agissait, je l'endormis et une fois en somnambulisme je l'interrogeai sur les aléas de cette grande expérience.

Lucie qui n'avait jamais vu les courses nageait dans la joie, et elle m'affirmait que ni les uns ni les autres nous ne regretterions notre déplacement.

Enfin, fis-je pour terminer : « Nous voyez-vous revenir contents ?

— Plus que contents, ravis. s'écria-t-elle ! »

Sur ce, nous nous reposâmes et le lendemain, à midi tapant, mistress Harrisson, dans son inséparable waterproof, faisait son apparition.

Quelques secondes plus tard, Lucie arrivait. Aussitôt nous nous dirigeâmes à la station de fiacres du square Monge et cinq minutes après nous roulions sur le boulevard Saint-Germain, dans la direction du Bois de Boulogne.

Arrivés à la hauteur de la rue des Saints-Pères, Lucie eut une lubie qui faillit avoir des conséquences désastreuses.

N'eut-elle pas l'idée de descendre du fiacre pour aller à Longchamp par le bateau !

Mistress Harrisson se fâcha, s'imaginant qu'au dernier moment nous avions combiné un stratagème pour reculer devant l'épreuve.

Lui ayant donné ma parole que je serais sur le champ de courses à 2 heures, auprès des fiacres entrés dans l'enceinte, elle se calma et continua seule le trajet.

Une fois descendu de voiture je me gardai bien de sermonner Lucie, car je savais par expérience qu'il pouvait coûter très cher d'aller contre les caprices d'un sujet (1).

(1) Plus un sujet est fantasque et capricieux et plus il a de chance d'être clairvoyant dans le sommeil (les magnétiseurs le savent bien). Une contrariété, si petite soit-elle, peut entraîner des conséquences énormes.

Un cheval anglais, dont je ne sais plus le nom, perdit une épreuve de plus de 100.000 francs parce que, quelques jours avant la course, son propriétaire le priva, dans un déplacement, d'une petite tortue que le noble animal affectionnait beaucoup. Il manqua de ce fait le départ par entêtement. Il en est des grands chevaux comme des grandes dames et des sujets. Il faut céder à leurs moindres caprices sous peine de payer très cher sa résistance. Et c'est ce que je me disais en arpentant hâtivement la rue des Saints-Pères, car le temps pressait.

Quelques lecteurs vont peut-être faire la remarque que l'on peut modifier le caractère dans le sommeil magnétique. Oui, c'est vrai, **mais cette guérison s'obtient au détriment de la lucidité.** Il faut donc s'incliner.

Nous coupâmes au plus court pour arriver aux Tuileries, car nous n'avions que le temps d'arriver pour la première épreuve.

J'achetai l'*Echo des Courses* et une fois sur le bateau, je pus tout à mon aise jeter un coup d'œil sur le programme de la journée.

Il faisait un temps splendide.

Quelques vieux joueurs que nous avions comme voisins commentaient avec force gestes les chances de leur favori.

Le joueur de la semaine ne ressemble nullement au parieur du dimanche.

Le premier ne cause pas à tout le monde. Bien qu'il soit presque toujours décavé, il a sa dignité, il a des gestes lents et une façon de plier son journal que le profane ignore totalement.

Il ne ferait pas bon se mêler à une conversation et donner son avis sur un pronostic quelconque, comme cela se fait entre joueurs d'occasion.

Le vieux sportsman est grave, recueilli, il connaît tout, excepté le gagnant.

Il connaît la famille du cheval (souvent mieux que la sienne), il sait que le grand-père, et même l'arrière-grand-père d'un cheval avait telle ou telle préférence pour le terrain lourd. Il n'ignore pas non plus que les fils de Champaubert, par exemple, avaient une prédilection pour certaines distances.

En un mot, ces graves pronostiqueurs auxquels rien n'échappe, ces rois du Turf ne sont pas abordables pour tous.

Lucie s'amusait beaucoup à écouter la conversation de ses deux voisins.

Elle ne se doutait pas, cette brave Lucie, que dans quelques instants, tous ces pronostiqueurs systématiques auraient pu tomber à ses genoux comme devant une idole.

Le trajet est long pour aller à Longchamp par le bateau et je craignais fort de ne pas être à l'heure. Enfin tout se passa bien et à 2 heures moins 10, je pus voir Mistress Harrisson sur la pelouse auprès des fiacres.

L'assistance était plutôt clairsemée, cette veille de Grand Prix. Il y avait tout juste trois fiacres. Cette circonstance ne pouvait nous être que favorable.

Sans perdre un instant nous expliquâmes à Lucie ce qu'elle aurait à nous dire et à faire quand elle serait endormie.

Afin que le lecteur soit bien au courant de la situation du moment, nous notons les montes et partants probables de la première épreuve tels qu'ils étaient marqués sur l'*Echo des Courses*, du 13 juin 1908.

Chevaux		Jockeys
Pernod	monté par	Beaumé
Royal Deer	»	Fabbri
Pont du Diable	»	N. Turner
Jackdvaw	»	Hobbs
Longchamps	»	G. Stern
Caylus	»	G. Clout
La Nugère	»	J. Ransch
Musette	»	B. Lynham
Belle Rose	»	X.
La Gueuse	»	Berteaux
Bury	»	G. Bartholomew
Rose	»	Davis

. . . .

Je repris place dans le fiacre avec Lucie, nous baissâmes la capote sans attirer aucun regard, car le soleil permettait cette précaution, et tout en

causant avec Mistress Harrisson qui s'était enfin dé-
cidée à quitter son waterproof, j'endormis Lucie en
lui tenant le pouce droit dans ma main droite (1).

Au moment même où le sujet tombait en somnambulisme, on affichait les partants.

Lucie, dis-je très doucement, pouvez-vous lire au
tableau les noms des Jockeys avec leurs numéros ?

— Pas de réponse.

— La lumière est-elle trop crue ? Désirez-vous
un bandeau sur les yeux ?

— Non, répondit-elle soudain, je vois parfaitement.

— Eh ! bien, lisez !

A la stupéfaction de l'Anglaise, Lucie lut ce qui suit
au tableau d'affichage avec la plus grande facilité.

Tableau d'affichage textuel de la 1re course
lu par Lucie le 13 juin 1908.

1. Duffy	7. G. Stern
2. Davis	8. J. Childs
3. G. Clout	10. Heath
4. N. Turner	11. G. Bartholomew
5. Hobbs	12. B. Lynham
6. Fabri	13. Garrignan

Comme on le voit, les montes n'étaient pas iden-

(1) Voir chapitre xiv l'explication d'après les lois de la polarité.

tiques à celles marquées par l'*Echo des Courses*, c'est du reste pour cela que tous les journaux sportifs mettent : *Montes et partants probables* ; car au dernier moment il y a toujours quelques modifications.

Le moment était solennel. Mistress Harrisson prit la main de Lucie et lui dit : « Ma petite amie, dans quelques instants tous ces noms et numéros vont disparaître.

« Très peu de temps après, **Trois des douze numéros** que vous voyez là vont être inscrits à nouveau en tête du tableau qui est devant vous.

« A ce moment-là l'épreuve sera courue, et le chiffre que vous verrez placé en tête **sera le gagnant**. Les deux numéros suivants seront les placés ».

En somme, le problème était simple à poser, mais peu facile à résoudre.

Autrement dit, il fallait que Lucie nommât à 2 heures 10 le numéro de tête qui serait affiché à 2 heures 25 ou 2 heures et demie.

C'est ce que Mistress Harrisson appelait dans son langage **une demi-heure d'Avenir.**

Mon sujet me serra la main fortement et pria l'Anglaise de se tenir un peu à l'écart. Pendant une ou deux minutes Lucie respira profondément et parut essoufflée tout comme si elle avait pris part à la course. Enfin elle s'écria : le **7**.

Ma cliente qui avait entendu se rapprocha précipitamment et fit répéter le chiffre.

— Le 7, réitéra Lucie.

— Vous le voyez bien ?

— Comment, si je le vois ! Il est grand comme une potence.

— Et le numéro de dessous?

Oh! celui-là, il est bien pâle et bien petit. C'est le 1.

— Alors il faut jouer le 7 gagnant et le 1 placé ?

— Il faut jouer le 7 **tout seul** dit Lucie, sur un ton qui n'admettait pas de réplique.

Mistress Harrisson tira délicatement de sa sacoche en bandoulière une pièce de 20 francs, et à longues enjambées, elle se présenta à un guichet aux mises de 5 francs et cria :

« Le 7, quatre fois gagnant ».

Puis elle revint près de nous avec un calme qui faisait honneur à la confiance que nous lui inspirions.

Un moment après, sur un bon départ, les douze chevaux s'élançaient sur la piste de quatorze cents mètres inaugurée ce jour-là.

Lucie qui, à ce moment, tournait le dos aux concurrents nous dit :

C'est un rouge et un blanc que je vois devant. Si Lucie eût été une sportswoman, elle eût dit : *c'est le rouge et le blanc* **qui mènent**, *et c'est précisément son ignorance qui faisait sa force, car il n'y avait aucune crainte qu'elle donnât son appréciation personnelle.*

Nous prîmes nos jumelles et nous vîmes effectivement *Longchamps* qui avait pris le commandement avec *Pernod* et dont les jockeys *avaient respectivement les casaques de ces couleurs.*

En un mot Lucie suivait la course tout comme si elle eût été éveillée. C'était merveilleux.

Deux minutes n'étaient pas écoulées que de véritables hurlements se firent entendre : « Longchamps ! Longchamps, tout seul. »

Et enfin au tableau on afficha :

Le 7, premier

Le 1, deuxième

Le 12, troisième

Eh bien ! que vous disais-je, fit notre dormeuse, **le voyez-vous, votre 7 ?**

Un peu plus tard le rapport indiquait 30 francs.

L'Anglaise, calme, sur ce grand champ de bataille des courses (comme Napoléon lui-même), alla encaisser, et toujours pratique nous dit : « Je touche quatre fois 30 francs, soit 120 francs, je mets **les 20 francs de côté, ma mise initiale**, et je ne joue maintenant qu'avec le bénéfice.

. . . .

Vingt-cinq minutes plus tard on affichait de nouveau les partants de la deuxième course.

Les voici tels qu'ils furent au tableau.

(Mais pour la clarté du récit, j'ajoute à droite du nom des jockeys celui des chevaux). Comme chacun le sait, le nom du cheval n'est jamais au tableau.

1	J. CHILDS	montant	*Frélon*
5	HALSEY	»	*Quolibet*
6	G. STERN	»	*Diffidati*
8	M. HENRY	»	*Quamoclit*
9	FABRI	»	*Napoléon Ier*
10	BEAUMÉ	»	*Beaufort*
13	CH. CHILDS	»	*Quartz*
14	PARFREMENT	»	*Butter Ball*
16	B. LYNHAM	»	*Vista Alègre*
17	J. BARTHOLOMEW	»	*Roche d'Or II*
18	HORAN	»	*Wagonnette II*

Lucie était toujours en somnambulisme.

Elle me prit la main à nouveau en me disant :
Ne me causez plus.

La poitrine de la jeune fille se souleva pendant
deux ou trois minutes.

Mistress Harrisson qui venait d'arriver était très
attentive. Soudain Lucie sourit en disant : **Le 6**.

— Vous le voyez bien, interrogea l'Anglaise?

— Grand comme un cor de chasse répondit la
dormeuse, sans aucune hésitation.

Mistress alla au bureau des 100 francs et ponta
sur le **6 gagnant**.

La glace était rompue, nous respirâmes plus à
l'aise. Le sujet, maintenant, était tout à son affaire.
Bref, la mise en train était faite et nous n'avions
plus qu'à nous laisser glisser.

. . . .

Les chevaux se mirent en ligne et quelques
secondes plus tard la grosse cloche annonçait qu'ils
étaient partis.

Je ne partageais pas le calme de l'Anglaise, et
cela pour plusieurs raisons :

1º Parce que Lucie pouvait très bien avoir donné
le 7 de la course précédente, comme par hasard ;

2º C'est que, en supposant que ce numéro eût

été donné grâce à la lucidité, cette dernière pouvait très bien se perdre subitement, comme cela arrive fréquemment.

Comme pour confirmer mes doutes j'entendis les joueurs crier avec furie : Beaufort! Quolibet! Beaufort a gagné. Puis soudain d'autres voix hurlèrent : Diffidati ! Ce fut pendant quelques secondes un bruit assourdissant.

Soudain un profond silence se fit pendant que l'employé s'apprêtait à mettre enfin le numéro gagnant *au tableau* (1).

Je respirai : le 6 fut affiché.

Lucie avait donc bien vu.

Ma cliente, froide comme un batracien, trouvait cela tout naturel.

(1) Ici, les plus braillards se taisent, tous sans exception, quittes à se rattraper après. Car le joueur ne voit pas le gagnant aussi aisément que l'on pourrait le croire, il y a une question d'oblique qui trompe énormément, surtout quand les concurrents arrivent serrés. L'affichage du numéro au tableau est donc le grand juge de paix qui cloue les langues pour un instant. Quand c'est le favori qui a gagné, les vociférations reprennent de plus belle, mais quand c'est un outsider on entend quelques *ho !* ou *ha !* de stupéfaction souvent comiques. D'autres fois, ce sont d'énergiques jurons de parieurs qui étaient précisément venus pour jouer ce cheval, et, au dernier moment, avaient hésité dans leur résolution.

Le 6 qui était donc *Diffidati* rapporta 33 fr. 50 par mise de 5 francs.

Mistress Harrisson ayant joué 100 francs, soit vingt mises, toucha de ce fait $33.50 \times 20 = 670$ fr. Ceci représentait le bénéfice net puisque la première mise de 20 francs avait été retirée.

En joueuse prudente elle mit 170 francs dans une deuxième sacoche plus petite qu'elle avait également en bandoulière, puis elle prit un petit carnet sur lequel elle écrivit :

Deuxième course, *Réserve* : 170 francs.

Il lui restait donc de ce fait 500 francs à ponter sans aucun risque, puisque c'était toujours le bénéfice qui marchait.

. . . .

La journée s'annonçait bien. Notre cocher qui allait et venait autour de sa voiture nous regardait d'un air singulier.

Il y avait en effet de quoi étonner le brave Collignon, de nous voir causer et discuter avec une personne qui avait constamment les yeux fermés.

La troisième épreuve était affichée. Lucie recommença à me serrer la main avec violence, elle nous annonça que nous pouvions carrément jouer le **7**.

Le cheval correspondant à ce numéro s'appelait *Extase*.   .

C'était vraiment un nom de circonstance pour être ainsi dévoilé par un sujet en somnambulisme.

Le cocher qui, entre temps, était remonté sur son siège avait tout entendu. Eût-il un doute? Avait-il déjà un renseignement sur ce cheval? Toujours est-il que quelques instants après il s'éloignait et revenait vers nous avec un ticket dans sa main (le 7) en nous disant : c'est aussi mon idée! Du moment que c'était l'idée de notre conducteur, nous pouvions marcher. (Ceci soit dit en plaisantant, bien entendu.)

Ma cliente y alla donc carrément de son billet de 500 francs sans lantiponner.

La chose devenait sérieuse. En effet, ce cheval n'était donné que par un seul journal : **Le Soir**. Tous les autres quotidiens donnaient comme certitude *Cabanne*, grande, grande favorite.

Il est vrai que l'appréciation de la Presse n'était pas pour nous influencer en quoi que ce soit.

Ce fut donc avec un calme relatif que nous attendîmes le départ de cette épreuve.

A vrai dire, il n'y eût aucune émotion; une fois

3

dans la ligne droite *Extase* se détachait très facilement et gagnait par une longueur malgré tous
les efforts de Cocasse.

Notre cocher rayonnait. « Eh bien! quand je
vous le disais! Voyez-vous, Monsieur, on devrait
toujours jouer son idée. »

Le 7 fut donc affiché, et un moment après le rapport (soit 54 fr. 50 par mise de 5 francs).

Mistress Harrisson alla encaisser la jolie somme
de 5.450 francs. Ayant joué 500 francs, soit
100 mises à 5 francs, *elle toucha naturellement
cent fois* 54 fr. 50.

Là-dessus je lui dis : Chère Madame, si vous le
voulez bien nous allons retourner à Paris et nous
en tenir là.

— Vous dites, Monsieur?

— Je dis qu'il ne faut pas lasser la chance.

— La science, voulez-vous dire! La chance n'a
rien à voir.

— Madame, insinuai-je, croyez-moi, cette merveilleuse lucidité peut se briser tout d'un coup. Le
cas ne serait pas nouveau, et je serais désolé de
mal finir une journée si bien commencée.

— Qu'importe, reprit mon interlocutrice, je serai

convaincue, cela doit vous suffire. Du reste je m'en irai avec du gain, soyez-en certain.

Là-dessus, mon heureuse cliente tira son fameux calepin et inscrivit :

Troisième course, *Réserve* 450 francs.

Ce qui voulait dire qu'elle allait jouer les 5.000 fr. qui lui restaient.

J'étais effrayé d'une telle audace, mais voyant que rien ne pouvait la faire démordre de son idée, je lui donnai le conseil de jouer à un Bookmaker (1), car une telle somme sur un seul cheval devait nécessairement faire baisser la cote.

« J'y pensais, me répondit-elle. »

S'adressant alors au cocher, elle lui demanda s'il ne connaissait pas un donneur sérieux sur lequel on pouvait compter.

Le cocher jeta un regard circulaire autour de lui. Ne voyant rien, il nous emprunta une de nos jumelles et un moment après il nous dit : « Si je ne

(1) Celui qui tient un livre pour les paris sur les champs de courses. On dit communément un Book (lisez : Bouk). Les gros Books sont presque tous millionnaires, ils sont presque tous également détestés par les joueurs surtout les petits. La félicité suprême pour un joueur malheureux, c'est d'empiler un Book, lisez toujours Bouk.

me trompe, je crois bien reconnaître, là-bas au pesage, Maître Adrien (1).

— Qui cela, Adrien, demanda l'Anglaise?

— Un Book cossu!

— Comment parvenir jusqu'à lui?

— Il faudrait envoyer quelqu'un, et je ne puis quitter mon cheval.

Je ne pouvais également laisser Lucie endormie. Nous étions fort perplexes.

Le cocher, qui suivait toujours des yeux le donneur, nous dit tout d'un coup : « Eh bien! c'est une chance, le voilà qui vient de notre côté ». C'était vrai, mais Maître Adrien ne se pressait pas, il se promenait béatement; on sentait qu'il était chez lui.

Pendant tout ce temps les chevaux de la qua-

(1) Nous dénaturons ce nom à dessein. Maître Adrien était un maître Book. Sa morgue ironique le faisait haïr de tous les joueurs. Quand un parieur malheureux avait perdu à peu près tout ce qu'il possédait, il ne manquait jamais de lui dire pour le consoler : « Pourquoi jouez-vous, idiot, puisque vous savez que vous ne pouvez pas gagner ? » Ce Book, en un mot, ne possédait pas le Magnétisme personnel ou l'art de plaire. Il avait néanmoins une qualité inappréciable pour un donneur : c'était de payer sans contester, si grosse que fût la somme. (L'argent des poires, disait-il.)

trième course avaient été affichés et il n'y avait pas de temps à perdre.

Lucie me reprit la main, elle ne pouvait rien faire sans cela ; pourquoi ?

— Je n'en sais rien. Peut-être pour puiser une force qui lui manquait.

La jeune fille annonça **le 4** comme devant gagner la quatrième course.

Le Book était encore loin. Force fut donc à Mistress Harrisson de jouer au guichet du pari mutuel.

J'y vais des 5.000, dit-elle, en s'éloignant.

Notre automédon était vert. Se retournant vers moi, il me dit : « C'est bien 5.000 qu'elle joue, la cliente ?

— Oui, répondis-je.

— Sur qui ?

— Le 4.

— C'est *Arga*, n'est-ce pas ? »

C'était effectivement le cheval qui portait ce numéro. D'un bond notre conducteur courut vider son porte-monnaie (1) sur le 4.

(1) Il faudrait un volume pour relater les effets curieux de la suggestion sur les champs de courses.

Les chevaux partirent, nous eûmes un terrible moment d'angoisse.

Brasero, un des concurrents, paraissait absolument maître de la partie ; il entrait le premier dans la ligne droite et semblait l'emporter facilement lorsqu'*Arga* venait l'attaquer, et après une courte lutte le battait par une demi-longueur.

C'est égal ! s'écria le cocher, encore deux ans d'émotions comme cette minute-là et je pars pour Bagneux (1).

Eh bien ! la petite dame (c'est à Lucie qu'il s'adressait), je crois que nous avons bien gagné un verre de coco.

Les marchands de coco criaient à ce moment : Citrr... Citrr... Citrr... Citronnade, meilleure que du Champagne, deux sous un grand bock !

Mistress Harrisson engouffra deux sandwichs, absorba un Liénart (2) et revint vers nous, prête à la lutte.

. . . .

Arga rapporta 9 fr. 5o pour 5 francs.

Ma cliente qui avait 5.ooo francs, soit mille mises, encaissa 9.5oo francs.

(1) Un des cimetières parisiens.
(2) Boisson rouge bien connue des joueurs.

Prenant son petit carnet, elle inscrivit :

Quatrième course, *Réserve* 500 francs.

Puis se tournant vers moi, elle me dit en souriant : Où placer ces 9.000 francs?

— Dans votre sacoche, répondis-je, et partons de suite.

Cette femme avait le démon du jeu. Se retournant vers notre conducteur elle demanda : Et le book?

Celui-ci qui se trouvait à deux pas de nous se retourna brusquement à ces mots en fronçant les sourcils.

Mais voyant notre cocher, son visage se dérida et il vint lui serrer la main en disant :

« Comment va, mon vieux Joseph? »

En deux mots, ce dernier lui expliqua qu'une cliente sérieuse ne demandait qu'à perdre.

Demain, si elle veut, répondit Adrien, aujourd'hui je ne suis pas en forme !

En fonds, peut-être, dit l'Anglaise qui avait l'ouïe fine.

Ces deux mots mirent le feu aux poudres. Vous dites, Madame?

— Ce que je pense.

Adrien toisa la pelousarde des pieds à la tête.
L'Anglaise en fit autant.

Un combat terrible allait s'engager. D'un côté
un book, et un maître book, qui n'avait peut-
être jamais reculé devant un pari, si important
fût-il.

D'autre part une joueuse hautaine et, ce qui pis
est, en bénéfice.

« Madame! répéta le donneur, la gorge con-
tractée par la colère.

— Monsieur!

— Madame, tout ce que vous voudrez.

— 9.000 francs. Acceptez-vous?

— Sur qui?

— Je vous le dirai tout à l'heure. Lucie, qui n'é-
tait en rapport qu'avec l'Anglaise et moi, et qui
n'entendait par conséquent que nous deux, me dit
tout bas : Mais après qui donc en a-t-elle ainsi,
cette Dame? »

Je la mis rapidement au courant de la situation.
Pendant ce temps on affichait les partants de la
5e course.

Je trouve utile de donner ici les noms des concurrents de cette épreuve.

Les voici tels qu'ils étaient cotés sur « l'Echo des Courses ».

Quatrefeu.	4/1
Flotan.	12/1
Quatrain.	10/1
Signor.	6/1
Bastanac.	6/1
Raleigh.	3/1
Professeur	6/1

Lucie me serra la main avec plus de violence que de coutume, sa respiration devint haletante et elle me dit :

Je les vois courir, ils arrivent, mais quel tirage !

— Reportez-vous au tableau, fis-je doucement.

— Oui, mais je veux les voir courir avant.

Je me gardai d'insister, ce n'était pas le moment de troubler ou plutôt de contrarier le sujet. Enfin Lucie m'annonça **le 3.**

Je n'étais pas très rassuré. Cette hésitation ne me disait rien de bon. Est-ce que ce Book de malheur allait troubler la fête ?

Pendant ce temps l'entêtée Anglaise revint vers nous et tout bas demanda : Ça y est ?

— Oui, le 3. (*Le 3 était Raleigh.*)

Alors elle alla trouver le donneur et lui dit : Sur le **3.**

4

—- Combien, demanda-t-il?

— Je vous l'ai dit, 9.000 francs.

— Parfait! Je vous paierai au rapport du Mutuel.

Mistress Harrisson donna les 9.000 francs.

Le cocher, qui voyait cela, tout en mordillant la mèche de son fouet, n'avait même plus la force de penser. Il en oublia d'aller jouer...

L'Anglaise et le Book ne se quittaient pas d'une semelle. Que d'idées tumultueuses et diverses devaient s'agiter dans ces deux cerveaux!

Le sort de ces 9.000 francs allait en effet se jouer en 2 minutes 1/2 exactement.

Il était visible que mistress Harrisson regrettait la vivacité avec laquelle elle avait joué une somme de cette importance. Quant à Adrien, le donneur, qui prenait souvent des paris beaucoup plus conséquents, il devait également regretter son emportement, car si le 3 arrivait, c'était une perte brutale.

Le book n'avait en effet aucune couverture ; autrement dit : n'ayant accepté que ce seul pari, il ne pouvait avoir de compensation, comme s'il eût eu divers chevaux dans cette épreuve.

Généralement les fonds répartis sur plusieurs

concurrents font une balance pour payer le gagnant. Balance en faveur du Book le plus souvent.

Mais là n'était pas le cas.

Aussi ce fut avec une impatience bien compréhensible que Donneur et Preneuse attendirent le signal du départ.

Celui-ci eut lieu dans de bonnes conditions.

Jusqu'à l'entrée de la ligne droite la course fut indécise. Un moment après, une lutte terrible s'engageait entre *Quatrefeu, Signor* et *Raleigh*.

Ce dernier montrait un mauvais vouloir manifeste, il fallait toute l'énergie de son jockey, C. Childs, pour le maintenir en bonne posture.

A vingt mètres du poteau, *Quatrefeu* et *Signor* étaient en tête. Lucie, qui voyait admirablement la course, poussa un léger cri. Elle revoyait l'épreuve pour la deuxième fois. La première fois, un quart d'heure avant le départ, et la seconde au moment même.

— Le voyez-vous, le tirage que j'avais prédit, me dit-elle.

A dix mètres du but, *Raleigh* arriva à la hauteur des leaders. Enfin, au poteau il était absolument impossible aux joueurs de dire lequel des

trois concurrents : *Quatrefeu, Signor* et *Raleigh,*
avait gagné.

Seul, le juge placé sur le cordon d'arrivée pouvait se prononcer.

Un silence angoissant, ce silence terrible dont
nous avons parlé plus haut et qui fait taire les plus
braillards, suspendit, ou plutôt arrêta la respiration de plus d'un parieur. Il fallait en effet
attendre que le numéro fût affiché.

Soudain la dormeuse s'écria :

Ça y est, **le 3**.

Cinquante têtes se retournèrent du côté de Lucie
et ne virent rien naturellement, ce qui fit prendre
celle-ci pour une folle.

Cependant le sujet avait vu.

Qu'avait-il vu ? **Le cliché astral sans doute**
précédant de quelques secondes la réa-
lité.

Ces courts instants me soulagèrent d'un poids
énorme.

L'Anglaise avait entendu également le cri de
Lucie. Elle toisa le Book de nouveau en disant :
Mille francs de plus sur le 3.

Le donneur haussa les épaules.

A ce moment le **3**, mais le **3 réel, palpable,**
cette fois était affiché, et quelques minutes plus
tard il annonçait un rapport de 15 francs.

Adrien dut donc donner la somme formidable
de 27.000 francs (1) à mistress Harrisson.

Rien ne saurait décrire le regard noir chargé de
haine que lança le Book à l'Anglaise.

Celle-ci aux yeux bleus d'acier ne sourcillait pas.

Lequel des deux allait hypnotiser l'autre ?

Le cocher semblait être en catalepsie. C'était lui,
en effet, qui était la cause de ce combat féroce.

Maintenant la prudence la plus élémentaire com-
mandait à ma cliente de quitter ce terrain brûlant.
Peut-être l'eût-elle fait si Adrien, la rage au cœur,
ne lui eût dit : Cela n'a pas d'importance, c'est de
l'argent qui découche (2).

La réponse de mistress Harrisson fut foudroyante.

(1) Cinq francs rapportant 15 francs (9 000 francs donnaient
de ce fait 27.000 francs).

(2) Expression bien typique des Books Car ceux-ci savent
fort bien que presque tous les joueurs reperdent le lendemain
ce qu'ils ont gagné la veille, et que le bénéfice du moment
n'attendra pas quarante-huit heures pour revenir dans leur
portefeuille. Mais ce qui faisait bondir le donneur, c'est qu'il
avait précisément affaire à une joueuse de passage qui ne
pourrait certainement pas le dédommager les jours suivants.

« Ah ! il découche habituellement, dit-elle. Eh bien ! cette fois-ci vous pourrez le porter déserteur ! »

. . . .

Les choses s'envenimaient.

Si j'eusse été plus libre j'aurais réveillé mon sujet rapidement par des passes transversales. Mais c'était complètement impossible, et Lucie dormait si bien, elle était si heureuse qu'il ne fallait pas y compter.

D'autre part, notre cocher avait enfin compris que Lucie devait être quelque chose comme une somnambule.

Il n'était pas bien fixé, le brave homme.

Mais après nous avoir vu toucher cinq gagnants il devint encore plus communicatif et nous demanda si nous espérions toucher le sixième.

— Qui donc nous en empêcherait ? dit l'Anglaise qui avait entendu.

— La fatigue du sujet (1), répondis-je.

— Je lui donnerai de quoi se reposer.

Insister eût été inutile. Après tout c'était son affaire.

(1) Celui-ci n'était nullement fatigué, mais je tenais à éviter une catastrophe possible.

La dernière course fut enfin affichée.

Elle comportait seize partants. Il fallait réellement de la clairvoyance pour arriver à démêler le gagnant dans ce handicap.

Lucie indiqua **le 4** comme devant gagner.

Le cocher qui avait manqué de jouer la cinquième course ne fit qu'un bond et courut vider sa bourse sur *Free Drink* (c'est lui qui correspondait au 4). Adrien, le donneur, s'approcha de la voiture. Je fis vivement tourner Lucie de mon côté de façon qu'elle montra le dos au book. Celui-ci dit à mistress Harrisson : Demain, madame, je suis votre homme pour *tout ce que vous voudrez* et si vous avez 100.000 francs à perdre je serai là pour les recueillir (1).

— Puisque vous êtes si fort, Monsieur, je vous

(1) Un Book de l'envergure d'Adrien ne recule pas devant une telle somme, même doublée et triplée, surtout un jour de Grand Prix. Nous connaissons des donneurs ayant dans ces grandes épreuves près d'un million de paris. Un Book anglais dont le nom nous échappe eut une fois dans le Derby d'Epsom 2 millions huit cent mille francs d'enjeu. Un de ses amis qui lui exprimait sa crainte devant l'énormité de la somme s'attira cette boutade : Un navire de guerre ne recule pas devant une flottille de pêcheurs. Adrien se considérait un peu comme un navire de guerre.

rends les 27.000 francs qui vous font si mal au cœur, et je les **mets sur le 4.**

Le book pâlit, il ne s'attendait pas à cette réplique.

Il avait cette fois trouvé son maître. Cet homme de granit qui avait toujours la morgue, sinon l'insulte à la bouche, ne sut que dire tout d'abord.

Il tira son portefeuille, regarda la cote et répondit : Je ne puis prendre plus de 2.000 francs sur ce cheval (1).

— Soit, 2.000 francs, reprit mistress Harrisson, et à la cote du mutuel.

Celle-ci tirant son fameux calepin inscrivit :

Cinquième course, *Réserve* 25.000.

Et elle donna 2.000 francs à Adrien.

L'arrivée fut terriblement serrée.

Disons, pour ne pas fatiguer le lecteur que *Free Drink* gagna par une courte encolure et rapporta 42 francs pour 5 francs.

_____

(1) *Free Drink* oscillait entre 7 et 8 contre 1 à la cote. En supposant qu'il gagnât à 7/1 c'était 7 fois 27.000 francs, plus la mise qu'Adrien aurait eu à payer, soit 216.000 francs. Il était loin d'avoir cette somme sur lui ce jour-là, c'est pourquoi il ne put accepter, ce qui, du reste, eût été maladroit dans ces conditions.

La passe de 6, ce rêve de tous les joueurs,
avait donc été faite avec une facilité déconcertante.

Mistress Harrisson toucha pour cette dernière
épreuve 16.800 francs.

.   .   .   .

Récapitulons sa journée :

	NOM DU CHEVAL	MISE	RAPPORT par unité de 5 fr.	TOTAL	RÉSERVE
		fr.	fr.	fr.	fr.
1re Course.	LONGCHAMPS	20	30 »	120	1re mise retirée
2e Course.	DIFFIDATI . .	100	3 : 50	670	170
3e Course.	EXTASE . . .	500	54 50	5.450	450
4e Course.	ARGA	5.000	9 50	9.500	500
5e Course.	RALEIGH. . .	9.000	15 »	27.000	25.000
6e Course.	FREE DRINK.	2.000	42 »	16.800	16.800
	BÉNÉFICE NET				42.920

Et cela, en 2 heures 58 minutes.

Soit une moyenne de 14.000..... à l'heure !

C'est beau dans un fiacre.

CHAPITRE VII

L'éloquence des Chiffres.

Soufflons un peu, et raisonnons.

Si Adrien eût pu prendre les 27.000 francs de l'Anglaise il aurait eu à payer **au rapport du Mutuel 226.800 francs**, *ce qui représente les 5.400 mises à 42 francs de rapport par mise.* Autrement dit, le rapport du Mutuel rapportait un peu plus de 7 contre 1, comme le faisait prévoir la cote probable.

Maintenant, en supposant que ma cliente eût débuté à 100 francs et joué le tout sur le tout, elle eût gagné **plus d'un million** (1).

Et si un book se fût piqué d'honneur de résister à une passe de 6, ce book eût été ruiné.

(1) Naturellement en jouant ailleurs qu'au Mutuel, car la cote eût terriblement baissé.

CHAPITRE VIII

Quand tout fut réglé entre l'Anglaise et Adrien nous reprîmes le chemin de Paris.

Nous passâmes devant l'admirable château de Bagatelle situé tout près du champ de courses, et je me disais qu'avec deux jours de lucidité comme celui-là, et 20 francs dans sa poche, on pouvait acquérir cette propriété sans sourciller ou, du moins, un domaine d'une valeur identique.

Et je regardais la petite tête de Lucie, me demandant par quel troublant mystère les cellules de ce cerveau capricieux avaient pu contribuer, par l'excitation magnétique, à donner un résultat aussi effrayant de précision.

Quand nous rentrâmes en ville, **Paris-Sport** avait déjà commencé sa chanson monotone, et à partir de cette minute, une lutte toujours nouvelle allait s'engager pour la grande épreuve du lendemain. Déjà, les joueurs, à la terrasse des cafés, pronostiquaient le futur gagnant avec une conviction qui faisait plaisir à voir.

Entre temps, j'avais réveillé Lucie en lui tenant le pouce droit dans ma main gauche.

Le moment était venu de nous séparer.

Mistress Harrisson était rayonnante.

— Voulez-vous me permettre une question, me dit-elle?

— Dites, Madame.

— Pourquoi donc toutes les *Voyantes* et *extra-lucides* qui font tant de réclame ne tentent-elles pas ce que nous avons fait aujourd'hui?

Ce serait un jeu d'enfant pour une voyante qui prédit l'avenir des années d'avance !

Qu'est-ce que l'on demande en somme?

Un fait qui doit se produire *dans un délai excessivement court !* Encore une fois, pourquoi n'essaient-elles pas?

— Pourquoi, Madame?

— Oui, pourquoi?

— Parce que ce sont des *Voyantes qui ne voient pas*, et veuillez croire que s'il en était autrement elle commenceraient par jouer au lieu de donner des consultations.

Mistress Harrisson sourit.

Avant de nous quitter, elle ouvrit sa vaste sacoche, fit un cadeau royal à Lucie et partit en nous disant : *To another day* (1).

. . . .

(1) A un autre jour.

CHAPITRE IX

Waterloo.

Il arrive parfois que les mêmes idées sont dans l'air.

J'étais à peine remis de mon émotion et je n'avais pas encore eu le temps d'approfondir le cas de lucidité de Lucie, qu'un nouvel élève vint me faire, à quelques jours de là, une proposition identique à celle de mon heureuse cliente.

Je n'avais aucune raison de refuser, au contraire ; j'eus la prudence de ne pas parler du succès foudroyant obtenu quelques jours avant et bien m'en prit, comme on va le voir.

Le visiteur était un voyageur de commerce ayant un fort accent alsacien. *Il foulait foir si mon bedit sujet bouvait téviner les gagnants.*

Nous convînmes donc d'un rendez-vous qui fut fixé pour le jeudi 18 juin à Longchamp.

Je ne veux point fatiguer mes lecteurs en leur faisant suivre tous les détails de cette journée, mais il est néanmoins certaines particularités auxquelles nous serons forcés de nous arrêter, et cela dans l'intérêt du magnétisme.

Nous partîmes par un temps pluvieux et nous arrivâmes sans encombre à l'endroit exact où nous avions pris place cinq jours avant.

Lucie endormie indiqua le 15 comme gagnant de la première épreuve.

Mon nouveau client peu rassuré alla mettre timidement 5 francs sur *Impulsion* qui était la pouliche portant le n° 15.

Cette bête n'était donnée, en effet, par aucun journal, mais je dis à mon client que le sujet n'avait nullement besoin de l'appréciation de la presse.

Nous eûmes une joie de bien courte durée. A 10 mètres du poteau, *Impulsion* paraissait avoir la course à sa merci, quand soudain «*Longchamps*», *ce même « Longchamps » qui avait gagné voilà cinq jours,* survenait dans un rush foudroyant battre notre pouliche d'une encolure.

En effet on affichait :

Le 8 premier.

Le 15 deuxième.

Cette fois Lucie s'était trompée ; de peu, il est vrai, mais ce n'était pas ça, et d'autant plus regrettable que la bête aurait rapporté une somme considérable puisque la place donnait 47 francs par mise de 5 francs.

La journée commençait mal.

Le sujet avait des frissons et la pluie tombait toujours fine et serrée.

La chaleur, cette chose si utile au magnétisme, nous manquait complètement.

Comment diable, fis-je à ma dormeuse, n'avez-vous pas vu Longchamps ?

— J'ai peur, me répondit-elle !

Ce n'était pas rassurant.

. . . .

La deuxième course affichée, Lucie indiqua le 11, comme devant gagner.

Hélas ! notre émotion fut brève, *Bonfire* qui portait le numéro 11 fut battu par *Simonette*.

Et impitoyablement l'on afficha :

Le 12 premier.

Le 11 deuxième.

Nous étions encore deuxième. Il y avait donc un vice. Le cliché astral était retourné à l'envers, mais comment le remettre à l'endroit pour les courses suivantes?

Lucie me dit en souriant tristement :

Un vrai temps de Waterloo, de la pluie et un 18 juin!

Mon client tout crotté n'était pas d'un enthousiasme délirant.

J'afais mis tix vrancs, dit-il en s'avançant vers nous.

— Eh! bien, lui dis-je, cette fois il faudra en mettre 15.

Il me regarda à travers ses lunettes pour voir si je ne plaisantais pas. Je n'en avais nullement envie.

Bref, quand la troisième épreuve fut affichée, Lucie annonça, comme devant gagner, le 7 qui n'était autre que *Mafia II.*

Nous perdîmes encore avec une régularité mathématique.

On afficha :

Le 3 premier.

Le 7 deuxième.

Toujours deuxième. Décidément le cliché

12

était bien renversé. Heureuse Anglaise ! pensai-je, qui ne connut pas la défaite.

Mon client fronçait les sourcils et d'une voix ironique il me dit : Faut-il mettre 20 francs, maintenant?

— Quel mauvais coucheur, me dit tout bas Lucie.

— *Fous tites*? fit celui-ci, ayant cru comprendre.

— Je divague (1).

. . . .

Nous n'étions pas précisément à la noce. Notre homme ne parlait de rien moins que de nous laisser là si le cheval de la quatrième course n'était pas gagnant.

Aussi quand Lucie fit ses efforts pour voir le numéro de la quatrième course, notre peu gracieux client s'avança vers la dormeuse et lui dit brutalement :

— Il faut voir mieux que ça.

— **On ne commande pas une somnambule**, répondis-je.

— *Fou ne gonnaises bas fotre métier.*

C'était tenter Dieu que de chercher à obtenir un bon résultat dans ces conditions.

(1) C'était vrai.

Eh bien! il faut croire que le diable s'en mêla, car jamais un homme ne fut plus cinglé par le sort qu'en cette circonstance.

Lucie désigna le **3** comme gagnant. Ce **3** était *Glion*, de l'écurie Ephrussi.

J'y mets 5 francs, *bas blus*, dit notre parieur.

— J'en mets vingt, répondis-je, agacé par cet homme.

Et je donnai un louis à mon client qui voulut bien se charger d'aller jouer pour moi en même temps. J'avais uniquement fait cela pour l'encourager et lui faire voir qu'on ne doit pas trembler ainsi quand on tente une épreuve.

Un moment après il revenait, me rapportant deux tickets à 10 francs en me disant qu'il en avait assez, et qu'il ne voulait plus jouer, pour avoir au moins le plaisir de me voir *berdre* tout seul.

C'était charmant.

.   .   .   .

Lucie travaillait maintenant pour notre compte.

Les chevaux partirent en bon ordre et une fois dans la ligne droite, nous vîmes deux concurrents très près l'un de l'autre.

Ces deux chevaux étaient *Bock* et *Glion*.

CHAPITRE X

Si j'ai tenu à relater ces deux expériences, c'est pour bien faire voir au lecteur que la lucidité est fort sujette à caution. Le jour où cette clairvoyance pourra être régularisée, ou la face du monde sera changée ou bien les magnétiseurs seront milliardaires.

Ce n'est pas prêt, croyons-nous.

A vrai dire, Lucie avait été régulière *dans son irrégularité,* car il est tout aussi difficile d'indiquer un deuxième qu'un premier.

A quoi donc tenait cet état de choses?

Au temps pluvieux peut-être.

Quand le soleil n'est pas là, un sujet est triste. Cela pouvait venir également du rayonnement de notre homme qui était plutôt avare. Or, l'avarice est anti-magnétique.

D'autre part, la chaleur n'était peut-être pas suffisante. Enfin d'autres causes inconnues, et qu[1] nous échappent, pouvaient troubler ou faire bifurquer cette divine clairvoyance.

Or voilà pourquoi nous ne garantissons pas les consultations. Là est notre seul motif.

Et il n'est pas une voyante au monde, si extralucide soit-elle, qui puisse toujours dire vrai. Si cela existe qu'elle aille sur le turf, ce n'est pas déshonorant puisque les courses ont été instituées pour l'amélioration de la race chevaline.

CHAPITRE XI

Quatrième phase du sommeil magnétique, Léthargie.

Tout à l'heure nous étions pleins de vie.

Maintenant nous allons vers la mort.

En continuant d'imposer la main droite au front du sujet, nous remarquons après quelques instants un soupir profond, — ce fameux soupir qui indique les étapes successives — et à partir de ce moment, le dormeur semble complètement inanimé.

Nous sommes, en effet, arrivés au point terminus.

Dans ce sommeil profond, le sujet est incapable de faire le moindre mouvement. Les membres sont flasques, ils n'offrent aucune résistance. Lorsqu'on les soulève, ils retombent lourdement dès qu'on les abandonne à eux-mêmes. Le cœur bat faiblement, le souffle est imperceptible. C'est l'état de mort apparente. Quand un débutant voit cela pour la première fois, il n'est pas très rassuré.

Quant au sujet qui semble un véritable cadavre, **il entend tout**, mais il ne peut faire le moindre mouvement. On dirait à voix basse : Mais le malheureux est mort, il faut l'enterrer sans tarder, le dormeur ne pourrait pas faire le plus petit geste, ni dire le moindre mot, pour prouver qu'il est toujours bien vivant.

En un mot c'est un état terrible. Les Hindous, ces fanatiques du Magnétisme et de l'hypnotisme, se font enterrer dans cet état pendant trente à quarante jours.

Nous ne voyons pas, à l'heure actuelle, le côté pratique de ces coutumes.

En somme, l'utilité réelle de cette phase serait pour les chirurgiens qui pourraient tailler et charcuter à plaisir pendant ce sommeil profond où le sujet est d'une insensibilité complète.

CHAPITRE XII

Suggestions post-hypnotiques.

Récapitulons.

Nous avons vu les quatre phases :

1º Crédulité.

2º Catalepsie.

3º Somnambulisme.

4º Léthargie.

Dans la 1ʳᵉ le dormeur entre dans la peau de n'importe quel personnage. Il peut écrire, chanter, pêcher, etc...

Dans la 2ᵉ il devient statue animée, notamment sous l'influence de la musique.

Dans la 3ᵉ il peut lire les yeux fermés et prédire quelquefois l'avenir.

Enfin dans la 4ᵉ il pourrait figurer à la morgue tant l'état ressemble à la mort.

A quel moment doit-on donner les suggestions post-hypnotiques (1)?

Voilà un point capital.

Malheureusement, nous ne pouvons être trop affirmatif, car il n'y a pas de règle absolue.

Nous allons donc répondre d'après notre pratique.

. . . .

1º Une suggestion donnée en crédulité, ou 1er état du sommeil magnétique, **peut être exécutée, mais peut également être oubliée,** ce degré du sommeil étant fort léger.

. . . .

2º Une suggestion donnée dans le 2e état, ou catalepsie, **ne sera pas exécutée,** puisque le sujet n'entend rien, sauf la musique.

. . . .

3º Une suggestion donnée dans le 3e état, ou somnambulisme, sera exécutée à une échéance très longue, **même une année**, si toutefois l'ordre donné n'est pas contraire à la moralité du sujet.

. . . .

(1) Ordre donné pendant le sommeil pour être exécuté au réveil à un moment déterminé.

4° Une suggestion donnée dans le 4e état, ou léthargie, sera exécutée certainement, *même si* **l'ordre est criminel**. C'est triste à constater, mais c'est la vérité.

Maintenant, il ne faudrait pas que le lecteur s'imagine que toutes les personnes endormables passent d'une façon régulière par les quatre états.

Certains sujets n'arrivent qu'au 1er état sans pouvoir jamais le dépasser.

D'autres atteignent le 2e état.

D'autres encore (et il y en a pas mal dans cette catégorie) arrivent **directement** au 3e état ou somnambulisme.

A vrai dire, ceux qui arrivent à ce degré directement sont plutôt dans un état bâtard.

C'est de la crédulité et du somnambulisme mélangés.

On soutiendrait à un sujet de vingt ans qu'il en a quatorze, il répondrait : Peut-être bien.

Maintenant on lui demanderait comme première question son âge, il répondrait : vingt ans, sans hésiter.

La phase n'est donc pas franche.

Dans l'énumération des degrés que nous avons

décrits plus haut, nous nous sommes basés sur des expériences faites avec des sujets classiques.

A ceux-là on dirait en somnambulisme qu'ils ont cinquante ans quand en réalité ils en auraient dix-huit, ils soutiendraient mordicus que c'est bien ce dernier âge qu'ils ont. De même qu'en crédulité on leur demanderait leur âge, ils ne pourraient le dire.

Nous faisons cette remarque à dessein, afin que les débutants ne croient pas qu'un sujet est un être mathématique dans les phénomènes. Ce sera donc à l'élève de tâter un peu le terrain avant d'être trop positif dans ses démonstrations.

. . . .

Comment s'y prendra-t-on maintenant pour guérir les mauvaises habitudes ?

Un fumeur par exemple, ou un buveur d'absinthe ?

Nous emploierons tout simplement les suggestions, qui auront pour but de remettre le patient sur une autre route, ou dans une meilleure voie.

Mais dans quel état faudra-t-il donner les suggestions en conséquence ?

Voilà, en effet, un point capital.

Ceci dépendra beaucoup du sujet que l'on aura sous la main.

Si ce dernier peut aller jusqu'à la léthargie, ce sera merveilleux.

En une seule séance on pourra le guérir.

Voici un modèle de suggestion à donner pour un fumeur de cigarettes par exemple :

Lorsque je vous éveillerai, le désir de fumer la cigarette aura disparu. Vous ne chercherez plus à en fumer d'autres. Chaque jour vous en sentirez moins le désir. Si vous continuez malgré tout, vous constaterez que l'odeur du tabac vous fera mal au cœur, que votre gorge deviendra sèche et votre haleine brûlante.

En répétant cela plusieurs fois dans chaque oreille, au degré léthargique, le fumeur peut être guéri en une seule fois.

Maintenant, en supposant que ledit fumeur ne puisse pas être mis en léthargie, il faudra lui répéter les mêmes suggestions à l'état somnambulique.

Il arrivera quelquefois, et même souvent, qu'il se débattra et vous dira : « Laissez-moi tranquille, je fumerai si ça me plaît. » Dans ce cas, n'insistez pas trop le premier jour ; mais au deuxième essai

— il faut laisser au moins un intervalle de deux jours — dites-lui d'une voix douce et persuasive :

« *Vous avez fumé malgré ma défense, et cependant vous savez bien que votre organisme ne peut plus supporter l'odeur de la cigarette. Eh bien ! toutes les fois que vous fumerez, votre gorge sera de plus en plus brûlante, l'appétit s'en ira, vous digérerez mal et vos nuits seront sans sommeil.* »

Lorsque l'on a répété ces suggestions plusieurs fois dans chaque oreille, il est rare que le fumeur ne soit pas guéri.

Il y en a même qui sont tellement sensibles aux ordres donnés dans le sommeil, que le fait de passer devant un débit de tabac leur donnera la nausée.

Maintenant, peut-on donner des suggestions au 1er degré du sommeil magnétique ou crédulité ?

Cela dépend beaucoup du sujet. Les uns se rappellent les ordres donnés, d'autres les oublient. On peut toujours essayer.

Dans cet état, le dormeur écoute tout sans mot dire, avec une docilité parfaite; c'est le degré le plus agréable pour l'opérateur, mais nous le répétons, tous les sujets n'ont pas souvenance au réveil.

Pour s'en rendre compte, il s'agit simplement de donner au dormeur un petit ordre anodin, et s'il est exécuté au réveil, on peut, sans crainte, donner les suggestions pour la guérison des mauvaises habitudes.

Il n'est pas nécessaire d'avoir une formule sacramentelle pour chaque cas.

On peut varier à l'infini le genre des suggestions. Ce qu'il faut surtout, c'est une voix persuasive.

. . . .

CHAPITRE XIII

Le Réveil

Pour endormir, nous nous sommes contentés de faire l'établissement du rapport et de mettre la main droite au front.

Pour réveiller, c'est encore plus simple.

Il s'agit tout simplement de mettre la main gauche au front du sujet, à dix ou vingt centimètres et toujours sans raideur ; le dormeur **repassera** par toutes les phases, tout comme s'il avait pris un billet d'aller et retour, c'est-à-dire : de la léthargie, il passera par le somnambulisme, la catalepsie, la crédulité et enfin le réveil.

DÉGAGEMENT

Bien que réveillé, le sujet a souvent la tête lourde, ou un brouillard devant les yeux.

14

Il s'agit dans ce cas de faire des passes transversales rapides ou des passes ascendantes.

Ces dernières doivent se faire de bas en haut avec souplesse et vélocité. Il faut, en un mot, que l'opérateur déplace beaucoup d'air en élevant ses mains *partant des genoux du sujet (celui-ci étant assis) jusqu'au sommet de la tête.*

Les passes transversales sont également très dégageantes. L'opérateur doit s'imaginer voir un nuage enveloppant son sujet. Il faut donc diviser ce nuage en écartant les mains latéralement avec une très grande vitesse.

En somme, le point de départ sera le milieu du front du sujet, et les deux mains de l'opérateur s'écarteront de ce point, latéralement, comme nous venons de le dire.

Si le brouillard ne se dissipe pas, le magnétiseur pratiquera le souffle froid (1) sur le front du patient, et cela en garantissant les yeux de celui-ci avec sa main gauche (2).

Généralement, les débutants ne dégagent pas

---

(1) Souffle rapide ayant une action dégageante.
(2) Celle-ci fait l'office de paravent. Elle a pour but d'éviter d'envoyer l'air sur le visage.

suffisamment leur sujet. Certains professionnels ont le même défaut. Il faut donc toujours s'informer avec sollicitude si le dormeur est bien, et lui demander si rien ne le gêne.

Un sujet est un être sacré.

S'il s'abandonne **corps et âme** entre vos mains vous devez prendre un soin jaloux de sa personne et vous inquiéter du plus petit malaise qu'il pourrait avoir.

C'est de cette façon que vous vous attirerez sa sympathie, et ceci est un point énorme pour la lucidité.

Rien n'est plus touchant que de voir l'affection spontanée qui se déclare dans le somnambulisme, entre le sujet et le magnétiseur.

Le dormeur ou la dormeuse sourit en prenant la main de l'opérateur qu'il presse souvent avec force, comme pour le remercier d'avoir été plongé par lui dans cette douce torpeur si bien décrite par Georgette et Myriam, page 24.

CHAPITRE XIV

Le pourquoi de la main droite au front.

MÉCANISME DE LA MAIN DROITE ET DE LA MAIN GAUCHE

Nous avons dit au commencement de ce volume que la main droite mise au front du sujet endormait celui-ci en un temps plus ou moins long.

Pourquoi?

Il est temps de l'expliquer.

La théorie que nous allons donner aurait dû régulièrement être décrite dès les premières pages. Nous n'avons pas cru devoir le faire. La théorie est toujours aride et quand elle est le début d'un ouvrage il y a bien des chances que ledit ouvrage soit lu évasivement comme un simple journal.

Le mieux que nous puissions faire, c'est de relater ou d'expliquer les phénomènes de la polarité tels qu'ils sont décrits à la Société Magnétique de France.

Polarité.

1re Loi. — Le corps humain est polarisé. — Le côté droit est positif. — Le côté gauche est négatif.

2e Loi. — La polarité est inverse chez les gauchers.

3e Loi. — Les pôles du même nom excitent. — Les pôles de nom contraire calment.

POLARITÉ SECONDAIRE

Le devant du corps, au milieu, depuis le sommet de la tête jusqu'à l'entre-jambes est positif, et cela sur une largeur de trois à quatre centimètres.

Le dos, depuis le même point de départ jusqu'au bas de la colonne vertébrale, est négatif, sur une largeur de trois à quatre centimètres également.

EXPLICATION DU MÉCANISME

Nous avons dit que les pôles du même nom excitent, c'est précisément cette excitation qui produit le sommeil.

Quand nous mettons notre main droite (positive) au milieu du front (positif également) du sujet, nous produisons une excitation.

Après quelques minutes d'imposition (1) l'opérateur ressent un picotement dans le bout des doigts,

(1) Imposition veut dire à distance. Et application avec contact.

et le sujet éprouve une chaleur quelquefois lourde, parfois piquante, qui produit le sommeil positivement.

Voilà toute la théorie. Elle n'est pas bien longue.

Cette méthode a un avantage sur toutes les autres, c'est qu'elle permet d'endormir une personne à son insu, même à travers une muraille.

Supposons une jeune couturière ou brodeuse en train de travailler consciencieusement dans une pièce voisine de la nôtre.

Supposons encore que la jeune fille ait le dos tourné du côté du mur.

Que faudra-t-il faire pour l'endormir?

Rien de plus simple.

Il suffira tout bonnement de diriger la main gauche, les doigts en pointe et sans raideur, derrière la tête de la personne. Et aussitôt le fluide magnétique qui sort de la main comme d'une pomme d'arrosoir *saturera* le sujet sans plus s'occuper du mur que s'il n'existait pas, car ce fluide traverse tout, sauf une glace. Pour réveiller il n'y aura qu'à placer la main droite derrière la tête.

En un mot, ce que donne la main droite, la main gauche le retire, et réciproquement.

Un autre moyen, qui fait également son petit effet en société, est de mettre son pied gauche contre le pied gauche de sa voisine, ou le pied droit (1) contre le pied droit.

Comme les pôles du même nom excitent, ne l'oublions pas, un fourmillement commencera par se produire dans la jambe de votre voisine, et bientôt un engourdissement général finira par l'endormir tout à fait.

Pour la réveiller il suffit de mettre le pied opposé. Inutile, bien entendu, de l'écraser de votre poids, ce serait peu galant. Un simple contact suffit, et même on peut s'en passer à la condition, néanmoins, d'être proche.

. . . .

Nous avons dit plus haut que **la polarité était inverse chez les gauchers**.

Donc, gauchers, c'est à vous que je m'adresse. Lorsque vous voudrez endormir un sujet, vous devrez mettre la main gauche au front, et pour réveiller, la main droite.

Ceci étant bien compris nous n'y reviendrons plus.

(1) En allant à Longchamp j'avais endormi Lucie en lui tenant le pouce droit dans la main droite, ce qui équivalait à l'imposition de la main droite au front. Ce procédé était plus pratique vis à-vis du public.

CHAPITRE XV

Hypnotisme.

AUTRES MOYENS POUR ENDORMIR

Bien que remplissant plusieurs des particularités énoncées au commencement de ce volume, certains sujets sont durs à la détente, quand il s'agit de s'endormir pour la première fois.

C'est ici que l'hypnotisme va entrer en jeu pour dompter la première résistance, souvent inconsciente, du sensitif.

Je conseillerai toujours l'établissement du rapport avant toute chose.

Ayant fait cela pendant dix minutes environ, l'opérateur devra se lever en restant toujours en face du sujet et en lui appliquant les mains sur les épaules.

Ceci fait, l'hypnotiseur regardera le sujet entre les deux yeux, c'est-à-dire à la racine du nez (cette dernière méthode est la meilleure), et lui dira ce qui suit :

Au commandement de 1, vous fermerez les yeux,

Au commandement de 2, vous les ouvrirez,

Au commandement de 3, vous les refermerez,

Au commandement de 4, vous les rouvrirez, et ainsi de suite.

L'opérateur pourra ainsi compter jusqu'à 150 au besoin.

Ce procédé nous a donné toujours de bons résultats, et cela pour plusieurs raisons.

La première, c'est que le fait pour le sujet de fermer et d'ouvrir les yeux produit une pression légère et continue sur les globes oculaires, ce qui aide déjà puissamment au sommeil.

La deuxième, c'est que l'opérateur a le temps de se reposer pendant que le sujet a les yeux baissés. Car il est bien entendu que lorsque le sujet ouvre les yeux, il doit toujours rencontrer le regard de l'hypnotiseur.

Or, si ce dernier éprouve un moment de faiblesse, il a tout le temps voulu pour se reposer, puisque c'est lui qui compte et dirige la cadence.

A vrai dire, cette méthode n'est pas de l'hypnotisme pur puisque nous recommandons l'établissement du rapport qui, lui, est du Magnétisme. C'est, en somme, un procédé mixte.

Les personnes qui voudraient apprendre **l'hypnotisme** dans toute l'acception du mot auront tout intérêt à faire l'acquisition du livre de M. J. FILIATRE, fort volume (1) de 400 pages, dont je suis dépositaire.

J'ai tenu, **avant tout**, dans le présent ouvrage, à démontrer :

Toutes les phases du sommeil magnétique avec leurs particularités différentes.

Jusqu'ici ces phases et degrés, appelons-les comme on voudra, étaient souvent confondus par le débutant ; aussi je crois bon de relater, pour finir, une foule de questions qui m'ont été et me sont encore posées dans le courant de mes leçons par des élèves.

Ce petit questionnaire m'aura évité de couper à chaque instant mes descriptions et il fera comprendre en peu de mots bien des phénomènes qui seraient ardus à expliquer dans le courant d'une phase quelconque.

(1) Cet ouvrage est un des plus complets sur la question. Son prix est dérisoire de bon marché. J'expédie ce livre contre 3 fr. 75 franco.

CHAPITRE XVI

Questions et Réponses.

QUESTION. — *Quelle différence y a-t-il entre le Magnétisme et l'hypnotisme?*

RÉPONSE. — Le **Magnétisme** provient d'une force neurique ou vitale que nous possédons et qui se transmet par émission suivant les uns, et vibrations, suivant les autres.

Cette force ou fluide peut être comparée à l'électricité produisant attraction ou répulsion, calme ou excitation.

C'est, en un mot, la saturation qui endort le sujet, en l'enivrant pour ainsi dire.

Dans l'hypnotisme, le sujet est tout, l'opérateur n'est rien.

Cela est si vrai qu'un sensitif peut s'endormir tout seul en regardant le bout de son doigt.

Quoi qu'il en soit, la suggestion qui est du bagage de l'hypnotisme aide puissamment l'opérateur. Mais faut-il encore que le sujet prête toute son attention à ce que l'on dit. Dans le Magnétisme, au contraire, le sujet peut causer comme si de rien n'était pendant que le magnétiseur lui dirige les doigts de la main droite vers le front. Quand la saturation est complète, autrement dit quand le sujet est saoûl, le sommeil vient naturellement.

QUESTION. — *Quels sont les avantages de l'hypnotisme?*

RÉPONSE. — D'une façon générale l'hypnotisme agit plus rapidement dans la production du sommeil.

Là où le Magnétisme échoue l'hypnotisme réussit souvent.

Mais il est bon, quand un sujet a été endormi par l'hypnotisme, d'opérer ensuite par le Magnétisme qui est plus doux.

En un mot l'hypnotisme a le rôle du sapeur qui défonce les portes et ouvre le passage.

QUESTION. — *Quelle est l'action des miroirs tournants?*

RÉPONSE. — 1° Les miroirs tournants ont d'abord l'avantage d'endormir plusieurs sujets à la fois.

2° Quand l'appareil est savamment combiné et en réglé, il semble au sensitif que les boules entrechoquent.

Cette sensation aide énormément à la production e l'hypnose.

D'autre part, les boules tournant de gauche à roite donnent encore plus de force au sommeil. Cela s'explique par le Magnétisme du Mouveent (1). En tournant dans le sens des aiguilles une montre, c'est-à-dire de gauche à droite, on rovoque l'excitation.

En somme, il est de beaucoup préférable d'être adormi par un miroir tournant que par un point xe qui pourrait dans certains cas produire une ongestion cérébrale.

QUESTION. — *Comment peut-on endormir un ujet avec un verre d'eau ou tout autre liquide ?*

RÉPONSE. — Il s'agit tout simplement de magnéser préalablement cette eau positivement et de lettre le récipient dans la main droite du sujet, u de magnétiser le liquide négativement et de lettre le verre dans la main gauche du sujet.

(1) De gauche à droite positif, et de droite à gauche négatif.

QUESTION. — *Comment magnétiser un verre d'eau positivement ?*

RÉPONSE. — En tenant ce verre d'eau dans sa main droite, et à pleine main, pendant cinq minutes environ. Pour augmenter l'action on peut appliquer le verre d'eau sur son genou droit, et poser ensuite les doigts en pointe (toujours de la main droite) au-dessus du liquide (de 5 à 10 centimètres environ).

QUESTION. — *Par quel phénomène le sommeil se produit-il ?*

RÉPONSE. — Tout simplement d'après les lois de la polarité. Le sujet commence par sentir un fourmillement dans la main qui tient le verre, puis un engourdissement progressif monte jusqu'au coude, puis à l'épaule et enfin à la tête. A ce moment le sujet tombe au 1er degré du sommeil magnétique en lâchant le verre (1). Si celui-ci était toujours maintenu, le sensitif franchirait toutes les phases du sommeil.

Mais il faut pour cela une personne sensible.

(1) Lire *Les Débuts d'un Magnétiseur*, par André Neff, où la divine Jeanne, l'héroïne de ce roman vécu, fut endormie à son insu par ce procédé.

QUESTION. — *Y a-t-il un moyen, pendant le sommeil magnétique, de donner un ordre, ayant pour but de produire un autre sommeil à un temps déterminé, et cela sans que l'opérateur soit présent au moment fixé?*

Autrement dit, peut-on, par suggestion post-hypnotique, dire au sujet : « Tel jour à telle heure vous tomberez dans un sommeil profond? »

RÉPONSE. — Oui, ceci est l'enfance de l'art, mais encore faut-il prendre de grandes précautions.

Supposons, par exemple, que vous disiez à un sujet : samedi prochain à 6 heures, vous tomberez dans un sommeil irrésistible.

Supposons encore que le jour arrivé, le sujet ait une course pressée à faire.

Alors, voyez-vous le malheureux traversant la place de la République, par exemple, et s'endormant net à 6 heures tapant sous les pieds des chevaux de Madeleine-Bastille!

Ce serait du joli!

Voilà par où pèchent les débutants.

Ils donnent des ordres à la légère sans se préoccuper des conséquences terribles qui peuvent en résulter

QUESTION. — *Voudriez-vous me donner un exemple de votre façon d'opérer?*

RÉPONSE. — En général, il ne faut jamais produire un sommeil trop brusque.

Certains hypnotiseurs diront, par exemple : « La prochaine fois que vous vous trouverez en ma présence, vous vous endormirez dès que je prononcerai le mot : Stop. »

L'effet est certain, mais ébranle l'organisme.

D'autres disent : « Dès que vous serez assis dans ce fauteuil vous dormirez spontanément. »

C'est toujours la même chose. Le phénomène est trop brusque.

Voici comment je procède.

Le sujet étant en somnambulisme, je lui dis par exemple : Demain soir, à 8 heures, lorsque vous viendrez chez moi, vous vous asseoirez dans ce fauteuil ; pendant que nous causerons de choses et autres, vous entendrez soudain à **mon** phonographe une valse très douce.

Dès les premières notes de cette valse, une douce torpeur vous envahira. Au fur et à mesure que vous entendrez cette valse, votre sommeil sera de plus en plus profond. Et enfin, lorsque le morceau

*sera terminé, vous serez plongé dans le 3ᵉ degré
du sommeil, tel que vous êtes actuellement.*

Alors le phénomène est merveilleux.

Quand, le lendemain, le sujet arrive à l'heure
convenue et qu'il entend les premières notes il
éprouve un léger sursaut, mais si léger qu'il est
inutile d'en parler.

Après une minute d'audition le dormeur est au
1ᵉʳ degré.

Après deux minutes au 2ᵉ degré.

Après trois minutes au 3ᵉ degré.

C'est chronométrique.

Et à chaque phase nouvelle, le fameux soupir en
question ne manque pas de se manifester.

C'est déconcertant et sublime.

Et comme le disque ne met pas plus de trois
minutes à se dévider, on est certain que le sujet
n'ira pas plus loin.

QUESTION. — *Et si c'était un autre phonographe
que le vôtre, ou une tout autre musique de ce
genre, mais jouant une valse quand même?*

RÉPONSE. — La suggestion ne s'accomplirait
pas, et c'est fort heureux.

QUESTION. — *Pourquoi?*

Réponse. — Parce qu'il suffirait qu'un bonhomme quelconque joue de l'orgue de Barbarie dans la rue, pour que le sujet tombe sur le trottoir, et c'est pourquoi **je précise** en disant, afin qu'il n'y ait pas de confusion : Vous vous endormirez

dans ce fauteuil

à huit heures

et à mon phonographe.

Ces détails ont leur importance et empêchent toute confusion dans l'esprit du suggestionné.

Est-ce avec intention que vous choisissez une valse?

Oui, la valse a, par elle-même, une vertu presque magique. Elle est berçante, entraînante, magnétique en un mot.

Dans mes nombreuses expériences j'ai constaté que certaines valses avaient une action bien supérieure à d'autres.

Par exemple **Câline** (1) *de Turine*, disque Pathé, n° 6.657, donne des effets merveilleux.

Tous les sujets qui sont passés par nos mains ont entendu « Câline ».

(1) Il y a plusieurs valses du nom de Câline, c'est pourquoi nous précisons.

Certains s'endormaient même sans avoir reçu de
ggestions antérieures.

Ceux qui ne dormaient pas pleuraient.

Bref, aucun n'était indifférent.

Il y a, dans ce morceau, des reprises de baryton
aiment impressionnantes.

Un jour que je me trouvais dans une grande mé-
agerie, dont je n'ai plus le nom présent à la mé-
oire, j'ai vu des lions et des tigres — *sous l'in-
uence de cette valse en question, exécutée magis-
alement* — pousser des rugissements qui avaient
ne toute autre intonation que ceux poussés habi-
uellement.

Un ours blanc des mers polaires, qui avait le
alancement si caractéristique et ininterrompu de
es pauvres animaux trop à l'étroit, s'arrêtait net
ès l'exécution de **Câline**, et continuait son dé-
anchement cadencé à n'importe quelle autre mu-
ique.

On comprendra sans peine que si les fauves sont
mus, les sensitifs seront terriblement troublés.

La Vague, valse bien connue, de **Métra,** pro-
uit également son petit effet, mais elle est loin de
ivaliser avec l'autre.

QUESTION. — *Est-ce que celui qui exécute une suggestion post-hypnotique est insensible ?*

RÉPONSE. — Oui, complètement, et c'est une des plus belles choses du Magnétisme.

Exemple : je dis à un sujet : « Demain, de 3 heures à 5 heures, vous irez chez M. L., dentiste, vous lui direz de vous arracher cette molaire qui vous fait tant souffrir. »

Il est absolument certain que le sujet, qui ne dormira pas cependant, ne ressentira aucune douleur.

Et cela sans que j'aie dit : **Vous n'éprouverez aucun malaise.**

Le fait même d'exécuter un ordre commandé dans le sommeil **donne l'insensibilité d'autorité pendant l'exécution de cet ordre.**

QUESTION. — *Mais alors, pour toute femme endormable, l'accouchement sans douleur est tout trouvé ?*

RÉPONSE. — Naturellement, et c'est tellement simple que personne n'y pense.

QUESTION. — *Peut-être y aurait-il un danger pour le nouveau-né ?*

RÉPONSE. — Aucun danger, la mère étant réveillée et consciente — mais insensible — il ne peut rien résulter de fâcheux, comme si elle était endormie profondément, soit par le chloroforme, soit par tout autre produit.

QUESTION. — *Vous croyez alors que l'anesthésie produite par le Magnétisme et l'hypnotisme est supérieure à celle produite par le chloroforme?*

RÉPONSE. — Bien certainement, et de 100 coudées. Le Magnétisme **est le roi des anesthésiques.**

Malheureusement tout le monde n'est pas endormable et c'est pourquoi je trouve que les sensitifs sont des êtres privilégiés.

N'est-ce pas une force de dire : **Je puis braver la douleur** et cela grâce à qui? au Magnétiseur !

Il est donc forcé qu'une sympathie étroite existe entre l'opéré et l'opérateur.

QUESTION. — *Comment vous y prendriez-vous pour donner une suggestion post-hypnotique à une femme devant accoucher dans quatre ou cinq mois, par exemple ?*

RÉPONSE. — On sait généralement à quinze jours près, l'époque d'un accouchement; je dirais donc à la personne intéressée qu'à partir de..... (ici la date) elle ne ressentira aucune douleur.

QUESTION. — *Et si, par extraordinaire, la personne avait un accident qui déroute tous vos plans?*

RÉPONSE. — Ce serait encore plus simple, j'endormirais ladite personne et la mettrais en somnambulisme, de sorte qu'elle pourrait voir elle-même dans l'intérieur de son corps comment va l'opération, ce qui serait d'un secours précieux pour l'accoucheur.

QUESTION. — *Comment peut-on reconnaître l'auteur d'une suggestion?*

RÉPONSE. — Il faut, pour cela, endormir le sujet dans les 4 phases et, à chacune de ces dernières, lui demander le nom du suggestionneur.

QUESTION. — *Et si le dormeur refuse de donner le nom sous prétexte qu'il en a reçu l'ordre?*

RÉPONSE. — Une ruse enfantine qui réussit presque toujours, consiste à dire au sujet : « *Celui qui vous a endormi vous a défendu de révéler son nom, c'est parfait, mais il ne vous a nullement défendu de dire son adresse!* » Naïvement, le sujet lâche le mot avant de se ressaisir.

QUESTION. — *Et si le suggestionneur a donné l'ordre en léthargie où le sujet entend tout sans pouvoir répondre?*

RÉPONSE. — Dans ce cas je dis au dormeur : « Tout à l'heure, dès votre réveil, **l'idée vous viendra** d'écrire sur un papier le nom du suggestionneur. Cette idée sera si forte que vous ne pourrez y résister.

« Vous prendrez donc la première feuille qui vous tombera sous la main et écrirez son nom, puis, comme après tout cela ne regarde personne, vous chiffonnerez cette feuille en la jetant au loin. »

L'effet se produira indubitablement. Le fait de faire chiffonner le papier enlève tout soupçon dans l'âme du sujet.

Mais il est rare qu'un suggestionneur prenne tant de précautions. Si c'est pour un ordre criminel, il oubliera certainement une chose capitale, tout comme ces bandits de haute marque qui pensent à tout pour dérouter les recherches, et qui, au dernier moment, laissent négligemment leur carte de visite sur un meuble quelconque.

QUESTION. — *Que conseillez-vous pour obtenir la lucidité ?*

RÉPONSE. — Avant toute chose de la chaleur.

Certains sujets ne sont lucides que sous une température de 20, 25 et même 40 degrés.

Il faut ensuite exciter le plexus cardiaque et,

autant que possible, que le sensitif ait les pieds sur du parquet.

Quoi qu'il en soit, il y a des sujets qui ne seront jamais lucides, malgré toute la science du Magnétiseur; car, si ce dernier peut développer cette faculté, **il ne peut la créer.**

QUESTION. — *Connaissez-vous des particularités secondaires pour aider à trouver des sensitifs?*

RÉPONSE. — Oui, beaucoup de sujets sont tristes le dimanche (cette particularité est bizarre).

Ils sont même si tristes que certains m'ont avoué que s'ils avaient à se suicider, ce serait ce jour-là qu'ils choisiraient.

D'autres, et ils sont légion, sont menteurs à outrance, et cela sans aucun bénéfice pour eux, pour le plaisir de mentir seulement.

QUESTION. — *Quand un sujet remplit toutes les particularités énoncées, et qu'il ne s'endort pas comme on pourrait le supposer, à quoi cela tient-il?*

RÉPONSE. — Cela tient à sa nature spongieuse.

Au début, tout semble bien marcher, l'action magnétique assoupit le sujet, puis, au moment où l'on croit que ce dernier doit succomber, un réveil se produit.

A proprement parler ce n'est pas un réveil, puis-
e le sujet ne dort pas. C'est plutôt une espèce de
tente.

Alors il n'y a plus rien à faire.

On pourrait saturer tant et plus que rien n'y
·ait.

Le fluide ne reste plus dans le corps du sensitif
·nt la nature pourrait être comparée à un papier
·vard qui, par trop humecté, ne peut plus absorber.

En un mot, c'est comme si on voulait remplir
·e futaille dont la cannelle serait ouverte.

C'est là, quelquefois, que l'hypnotisme triomphe.
·n miroir tournant, dans ce cas, peut aider ou
·ême mieux, faire l'ouvrage tout seul. C'est pour-
·oi le Magnétisme et l'hypnotisme sont tributaires
·n de l'autre.

QUESTION. — *Quel est le plus endormable de
·omme ou de la femme ?*

RÉPONSE. — Généralement la femme est plus
·nsitive.

QUESTION. — *Les personnes nerveuses font-elles
· meilleurs sujets ?*

RÉPONSE. — Beaucoup le croient. Mais c'est
·ne erreur. En tous cas, dans toutes nos expé-

riences, nous avons toujours préféré *des jeunes filles* calmes et froides, **ce qui n'empêche pas d'être sensitif.**

QUESTION. — *Comment change-t-on le sommeil naturel en sommeil hypnotique?*

RÉPONSE. — Il y a plusieurs méthodes :

La première consiste à mettre un fer à repasser, chaud, au front du dormeur (à une distance de 10 centimètres). Après une dizaine de minutes, la chaleur du fer change le sommeil naturel en sommeil hypnotique et, chose curieuse, le dormeur se trouve plongé de suite au 3° degré, c'est-à-dire le somnambulisme. Du moins c'est une généralité.

QUESTION. — *Et quand on n'a pas de fer chaud sous la main?*

RÉPONSE. — Dans ce cas, il faut s'approcher très doucement de l'individu profondément endormi, lui appliquer légèrement la main droite sur le front ou sur le creux de l'estomac pendant quelques minutes et lui dire alors, doucement, à *plusieurs reprises : Ne vous réveillez pas, continuez à dormir.* Un moment après on peut ajouter : *Ma voix vous endort de plus en plus, mais vous pouvez néanmoins me répondre tout en continuant de dormir.*

Cette méthode, qui est très préconisée, demande la dextérité d'un équilibriste ou d'un cambrioleur.

Le moindre faux mouvement peut tout faire manquer, c'est pourquoi nous préférons la méthode du fer chaud.

QUESTION. — *Comment a-t-on découvert ce procédé ?*

RÉPONSE. — Supposons être dans un hiver rigoureux, **placés tout près** d'un poêle ou d'une cheminée ayant un feu ardent, nous ne tarderons pas à constater qu'un engourdissement progressif s'empare de tout notre être, et en restant par trop longtemps nous finirons par perdre notre équilibre et tomber à la renverse.

Maintenant, supposons encore que, quoique près du feu, nous ayions un journal en main et placé de telle sorte que la tête soit garantie du foyer. Eh bien! nous pourrons avoir très chaud, mais nullement sommeil. C'est bien ce qui prouve que c'est la chaleur seulement à la tête qui endort.

Voilà pourquoi le fer chaud placé au front donne de si bons résultats.

La personne dormant déjà, l'on provoque de cette façon une bifurcation, ou un déclic, et le

sommeil, de naturel, devient artificiel ou magnétique.

QUESTION. — *Est-il nécessaire d'avoir une
grande force de volonté et de concentration pour
faire de la transmission de pensée?*

RÉPONSE. — Nullement. Tout vient du sujet qui
est plus ou moins réceptible.

QUESTION. — *Cependant, dans certains théâtres
ou concerts, on voit souvent des magnétiseurs faire
des efforts terribles pour envoyer l'idée à leur sujet?*

RÉPONSE. — Cela fait bien pour le public, ainsi
que pour l'opérateur. Si la chose se produisait sans
effort apparent on croirait à un truquage, on y
croit même quelquefois, mais c'est un tort, car la
transmission de pensée existe bien.

Le truquage peut exister, mais il est cent fois
plus difficultueux à faire qu'à produire le phénomène honnête.

QUESTION. — *Etes-vous bien certain que l'opérateur n'emploie pas une volonté féroce?*

RÉPONSE. — Absolument. Voici du reste une
preuve qui vous convaincra que la pensée que vous
croyez envoyer comme un jet sous l'effort de la
volonté n'a rien à faire.

Chez les somnambules consultants, le fait de la transmission de pensée a presque toujours lieu.

Celui qui consulte la voyante pense naturellement à ce qu'il dit.

Tout en causant, il voit par la mémoire sa maison, son jardin, ses domestiques, ses animaux, etc. Alors il arrive que la voyante dira : « Vous habitez au rez-de-chaussée, monsieur. Vous avez là un bien joli jardin. Tiens, je vois un chien marron ! Est-il à vous ? »

Le visiteur est aux anges d'être tombé sur un sujet si clairvoyant.

Eh bien ! croyez-vous que ce consultant a fait des efforts terribles pour communiquer sa pensée ? C'est bien à son insu que le phénomène s'est produit, car le sujet a pu lire à livre ouvert dans son cerveau.

Il résulte de ceci que le visiteur enthousiasmé prend souvent trop à la lettre ce qu'on lui dit.

Car si la dormeuse **voit le présent**, ce qui est déjà très joli, elle peut fort bien se tromper de route par la suite.

Conclusion

Le magnétisme et l'hypnotisme laissent un champ immense à tous ceux qui veulent s'en occuper.

On a vu que toute personne plongée dans l'hypnose **peut subir, le sourire sur les lèvres,** les opérations les plus douloureuses.

Mais rien que ceci n'est-il donc pas suffisant pour que l'on devienne immédiatement un fervent adepte de cette science?

Et pour la douleur morale, n'est-ce pas encore plus merveilleux?

Si un médecin habile peut supprimer, par son art, une violente douleur physique, il ne pourra faire oublier un souvenir pénible.

Ici, une suggestion habile sera plus forte que tous les remèdes du monde.

Nous avons connu une jeune femme tellement éplorée de la mort de son mari qu'elle voulait à

toute force se suicider. Nous fûmes assez heureux
de l'endormir et huit jours plus tard l'époux était
aussi oublié que s'il n'avait jamais existé.

Une mère inconsolable de la mort de son enfant
peut être guérie par ce même moyen, c'est-à-dire
la suggestion.

Beaucoup de personnes qui ont eu une brillante
situation et qui perdent courage à tout moment,
en pensant amèrement au temps passé, seront sou-
lagées séance tenante de leurs souvenirs pénibles,
et complètement guéries après deux ou trois som-
meils.

Les peureux, les timides seront changés du tout
au tout. Une demi-heure de sommeil et voilà des
hommes reformés et cimentés pour la lutte !

Il faudrait dix volumes comme celui-ci pour
indiquer en détail tous les bienfaits du Magnétisme. Et si vous avez le bonheur de tomber sur
un sujet lucide comme l'était Lucie le 13 juin 1908,
ne croyez-vous pas avoir bien employé votre temps ?

Ce sujet lucide, vous pourrez le trouver dans
votre famille ou dans votre entourage !

Pendant les longues soirées d'hiver essayez quelques expériences ! Faites l'établissement du rapport !

Certaines personnes à l'esprit caustique vous diront qu'en faisant l'établissement du rapport vous avez l'air de deux sphinx cherchant à pénétrer leurs mutuels secrets.

Laissez dire les sots, le savoir a son prix. Ne craignez pas le ridicule ; dès le moindre succès les rieurs seront pour vous. Essayez la transmission de pensée, cela **cloue** les plus incrédules.

Bref, vous avez, nous le répétons, dans le Magnétisme et l'hypnotisme le côté amusant, lucratif et humanitaire.

TABLE DES MATIÈRES

HYPNOTISME ET MAGNÉTISME

DE JEAN FILIATRE

Somnambulisme, Suggestion
et Influence personnelle

COURS PRATIQUE

complet en un seul volume de 400 pages avec
gravures hors texte résumant, d'après la méthode
expérimentale, toutes les connaissances humaines
sur les possibilités, les usages et la pratique de
l'hypnotisme moderne, du Magnétisme, de la suggestion et de la télépathie.

Prix du volume broché . **3** *fr* .**75**
— — *relié* . . **5** *francs*.

Le livre de M. FILIATRE est un véritable chef-d'œuvre.
Nous ne connaissons pas de volume plus honnête et plus

complet sur la matière. L'auteur s'est donné un mal énorme, car son ouvrage résume, à lui seul, une vraie bibliothèque magnétique

. . . .

Ce livre explique ce qu'est la sympathie et l'antipathie. Il nous dévoile : Nos forces secrètes, la force pensée, l'influence personnelle.

Il nous enseigne comment devenir Magnétique et comment influencer les autres, sans qu'ils le sachent et sans qu'ils s'en doutent jamais.

Il faudrait exactement 15 pages du présent volume pour détailler la table des matières de ce superbe ouvrage.

les Débuts d'un Magnétiseur

PAR ANDRÉ NEFF

Roman vécu : Le plus troublant qui ait paru
jusqu'à ce jour

Cette histoire vraie est celle d'un jeune homme timide
vingt ans qui, ayant appris le Magnétisme, se trouve,
près diverses circonstances, en face de celle qu'il aime,
ougée dans l'hypnose.

Rien de plus troublant que les émotions intenses par
squelles passe ce débutant.

Sa bien-aimée complètement insensible semble à sa
erci.

Que va-t-il faire ?

Quelle conduite doit il tenir ?

Est-ce que réellement une personne endormie est sans
éfense aucune ?

Autrement dit : *Une femme foncièrement honnête*
eut-elle perdre tout sentiment de pudeur dans le
ommeil magnétique ?

Ce grand problème, souvent posé, est enfin résolu
l'une façon magistrale par l'auteur qui raconte lui-
même son odyssée.

A l'heure actuelle, aucun roman magnétique n'a donné
satisfaction à ses lecteurs, et cela pour deux raisons :

La première, parce que l'auteur, n'ayant lui-même
qu'une idée fort vague de la question, a commis des
extravagances ;

La deuxième, c'est que, ne trouvant pas les explications voulues, le lecteur a été obligé de chercher lui-même les causes possibles de chaque phénomène décrit.

Le cas qui nous concerne est tout autre.

C'est un professionnel qui écrit et, point capital, sans aucune fausse honte.

Chaque phase différente a son explication par un renvoi au bas des pages, et le lecteur qui pourrait crier à l'invraisemblance de divers passages a, de suite, le renseignement qui détruit immédiatement son doute.

. . . .

En un mot, cette histoire véridique *vaut à elle seule bien des cours d'hypnotisme,* la plupart incomplets.

. . . .

Les jeunes filles qui liront ce volume feront bien, si elle se décident à se soumettre à quelques expériences magnétiques, de s'assurer de l'honnêteté et de la moralité de l'opérateur.

Les jeunes gens qui seraient tentés d'obtenir d'une personne endormie ce qu'ils ne peuvent avoir autrement, feront bien également d'observer la plus prudente réserve, car non seulement ils pourraient se trouver pris à leur propre piège, mais encore leur vie, dans certains cas, risquerait d'être menacée.

Si quelques esprits pudibonds objectent qu'il est certaines choses que l'on ne doit pas agiter, je leur répondrai :

« *Que l'ignorance est toujours nuisible, et qu'un danger annoncé est à moitié conjuré.* »

Ce livre de luxe est envoyé *franco* recommandé par la poste, sans aucune distinction extérieure, contre 3 francs en mandat, timbres ou bon de poste.

Comment on roule un Book

OU

LA REVANCHE DU JOUEUR

—————

Il y a des livres de Magnétisme de plusieurs catégories.

Les uns, tels que le volume ci-contre, traitent du fluide proprement dit.

Les autres ne parlent que de l'hypnotisme pur avec concentration de pensée et pénétration du regard.

D'autres, enfin, ne voient que le Magnétisme personnel permettant d'influencer avantageusement ses semblables.

Quand le lecteur a parcouru une dizaine d'ouvrages différents, il ne sait plus de quel côté se tourner. S'il veut acquérir d'autres volumes dans l'espoir de trouver une route définitive, il remarquera que toutes les connaissances accumulées tournent toujours dans le même cercle.

Nous avons donc tenu à présenter au lecteur un ouvrage qui pourrait être intitulé : *Le Magnétisme dans la vie courante.*

Les faits que nous allons raconter sont d'une scrupuleuse exactitude. Des trois principaux personnages : le premier est mort, le deuxième est fou, et le troisième, ma

foi, le troisième est fort bien portant. Doué d'une ima-
gination féconde et hardie, d'une énergie indomptable,
d'une persévérance à toute épreuve, il a su calmer ses
nerfs aux moments critiques du drame, — car c'est un
véritable drame qui s'est passé en l'an de grâce 1909.
Là où les autres ont succombé, il a pu subir le choc
sans dommage pour sa personne.

On a généralement tort de faire d'avance le résumé
succinct d'une histoire. Ce système déplorable supprime
tous les charmes de la route et les surprises du dénoue-
ment. Nous dirons néanmoins, afin que le lecteur sache
de quoi il retourne, que cet ouvrage passionnera au plus
haut degré :

1° Les joueurs de courses.

2° Les amateurs de billard.

Enfin, les amateurs et même les professionnels du
Magnétisme.

La vie intime et douloureuse du sportsman est totalement inconnue en province. Elle stupéfiera plus d'un
psychologue.

Les passionnés du noble jeu de billard auront de véritables révélations.

Les indifférents eux-mêmes deviendront des acharnés.
Quant aux professionnels et amateurs du Magnétisme,
ils jugeront avec dépit du temps précieux qu'ils ont
perdu à toujours renouveler des expériences de laboratoire qui n'ont guère varié depuis Jésus-Christ.

On verra dans ce récit véridique l'homme abandonné
dans Paris cherchant un emploi toujours insaisissable ;
on verra l'éternelle victime des Petites Annonces, ces

Petites Annonces, véritables sangsues de l'homme sans travail qui, pour se raccrocher à une dernière branche de salut, abandonne l'unique pièce qui pourrait lui sauver la vie. On verra, enfin, ce que peut le Magnétisme.

Cette science des nobles causes, par sa puissance infinie, a pu abattre (mais avouons-le, non sans une certaine roublardise) un des rois de Paris, que nous ne pouvons nommer ici.

Grâce au Magnétisme, un homme qui paraissait invulnérable dans le monde grouillant des joueurs a baissé pavillon devant... Nous ne pouvons en dire plus sans empiéter sur le récit.

Mais, ce que nous pouvons dire, c'est que l'épave, la victime des Petites Annonces, s'est enfin rebiffée, et qu'aujourd'hui elle occupe une situation des plus enviables.

Le personnage survivant donne, avec d'irréfutables preuves à l'appui, **le moyen d'avoir l'indépendance avec un capital insignifiant.**

Ce personnage indique le moyen de doubler un capital quel qu'il soit en quatre mois, cinq mois au plus. Et par quel moyen, direz-vous? Par quel système? — Par le système qui ruine 98 joueurs sur 100, c'est-à-dire par les courses.

Ce livre sera la providence du petit rentier et du petit employé. Le conseil sera-t-il suivi? — Nous l'espérons! La méthode est simple et peut être comprise en dix minutes par un enfant de douze ans. Mais il fallait la trouver. Quant à celui qui la donne, il est libéré des soucis matériels.

C'est donc de sa part un simple désintéressement.

Répétons néanmoins que le volume intitulé *Comment on roule un Book* n'est pas un livre de courses ni une combinaison malhonnête ; non, c'est un ouvrage d'énergie vivante, un ouvrage moralisateur, instructif, inédit dans toute l'acception du mot, comme phénomènes magnétiques, sportifs et billardistes.

Ledit volume **offre l'aisance** à ses lecteurs. Que désirer de plus ?

NOTA

Si parmi nos lecteurs il y en a qui veulent se procurer les trois volumes ci-dessous :

L'HYPNOTISME, de M. J. FILIATRE . . . 3 fr. 75
COMMENT ON ROULE UN BOOK, par
    G. SUARD. . . . . 5 fr. »
LES DÉBUTS D'UN MAGNÉTISEUR,
    par ANDRÉ NEFF. . . . . 3 fr. »

Total 11 fr. 75

Nous pouvons leur envoyer ces trois ouvrages en un seul colis franco et recommandé contre un mandat *ou bon* de poste de **10** francs.

Les personnes qui ne désireraient que :

L'HYPNOTISME, de M. J. FILIATRE, soit 3 fr. 75
LES DÉBUTS D'UN MAGNÉTISEUR, soit 3 fr. »

Total 6 fr. 75

n'auront qu'à envoyer un mandat de **5 fr. 75** pour recevoir ces 2 volumes franco recommandés.

Pour l'étranger, ajouter o fr. 25 en plus par chaque volume.

TOUS LES JOURS

LEÇONS PARTICULIÈRES

avec sujets

chez GEORGES SUARD

30, rue des Boulangers, 30 — PARIS 5ᵉ

Sur demande nous envoyons, par retour du courrier,

notre notice franco.

Les anciens clients qui désireraient ne pas nous perdre de vue trouveront toujours notre adresse dans les petites annonces du « Petit Parisien » et du « Matin »

IMPRIMERIE COYART

29, QUAI DE LA TOURNELLE, PARIS

www.ingramcontent.com/pod-product-compliance
Lightning Source LLC
Chambersburg PA
CBHW071911200326
41519CB00016B/4562